鹿鳴軒 見賢旅行

선현의 길 찾는 문화캠퍼스

글 사진 정영석

록명헌

소일할 공간의 이름은 일찍이 鹿鳴軒이라 지어 두었다. 詩經에 사슴은 먹이가 있으면 홀로 취하지 않고 울음소리를 내어 친구들을 불러 모은다고 하지 않았던가.

부산역과 크루즈터미널 중간 마리나G7에 둥지를 틀었다. 항만과 철도가 인접해 있고 앞으로 부산의 눈이 될 곳이라 찾는 이들에게 저절로 시야를 넓혀줄 적지라 판단했기 때문이다.

록명헌 벽에는 유우석의 「누실명」이 쓰여 있고 책상 위에는 허난설헌의 「앙간비금도」를 올려놓았다. 나의 좌표를 되새기기 위해서다.

부산을 찾는 크루즈 선장들의 쉼터로 부족함이 없도록 외국어 공부에 힘쓰며 귀감이 되는 강사를 모셔 후학들의 배움터가 되도록 노력하리라. 틈틈이 見賢思齋할 곳을 찾으며 德을 수양하리라.

세기적 역병 코로나가 발병했다. 크루즈가 끊기고 강좌 개최도, 여행도 어려웠다. 그러나 어려운 가운데 스물다섯 차례 여행과 다섯 차례 강좌를 일구었다. 그 결실을 북 바인딩을 익혀 책으로 엮는다.

酒香不怕巷子深.

정 영 석

3

CONTENTS

나주금성관   조선시대 나주목의 객사 정청

2020.12.18.

　나주에서 호남의 진면목을 느꼈다. 반남고분군과 마한문화, 금성관과 나주 곰탕, 영산포와 흑산도 홍어, 옛 나주역 광주학생운동, 의병장 김천일 장군…

외진 消災洞 산자락, 논고동 꼭지같이 후미진 적막한 곳 유배지에서 조선 개국의 웅지를 키운 삼봉 정도전 선생을 만난다. 촌로들과 소일하며 발분 정신을 키웠을 암울했던 선생을 추모하며 가슴이 먹먹해진다. 고려 무왕 원년(1376)에 나라의 장래를 내다보며 친원정책을 반대하다 3년간 유배된 곳. 이성계를 만나 조선을 건국시켰으나 훗날 그의 아들 방원에게 죽임 당할 앞날은 예견하지는 못했을까? 마을 초입에서 마주한 여근곡과 아래에 있는 백동마을을 지나면서 풍수가 범상치 않음을 감지할 수 있었다.

평생을 애마, 거문고, 장검, 옥통소와 함께하며 황진이 무덤 앞에서 「청초 우거진 골에」 제문 지어 파직된 풍류남아 백호 임제 선생. 황제 없는 나라 에서 역할 없이 살았으니 내가 죽더라도 곡하지 말라며 서른 아홉 젊은 나이에 「물곡사」 임종시를 남긴다. 선생이 선비들과 교류했던 영모정, 아직도 그 깊이와 연결고리를 알아내지 못하고 있는 마한유적지 반남고분군 등…

다산 정약용이 흑산도로 귀양가는 형 손암 정약전과 영원히 별리하던 곳도 나주 栗亭이었다. 천주교리를 익혔다는 이유로 신지도와 장기현으로 유배되었다가 황사영 백서사건 때 정약전은 흑산도로 정약용은 강진으로 移配된다. 멀지 않은 화순 동림사에서, 현감이던 아버지를 모시고 함께 공부하던 때를 떠올리며 本是同根生分飛似落花라며 비통해한다.

몇 차례 만남을 시도했으나 끝내 만나지 못하고 '외로운 천지 사이에 우리 손암(정약전) 선생 만이 나의 知己였는데, 앞으로 비록 터득한 바 있더라도 입을 열어 말할 사람이 있겠는가 형님이 돌아가셨는데 슬프지 않으리'라고 다산시문집에 적었다. 동신대학교 옆 칠전길 부근에 나주시 전문직 공무원의 안내를 받으며 애써 찾아갔으나 <율정원>이란 조그만 나무 팻말 하나뿐!

마시면 그 맛에 일어나지 못한다는 앉은뱅이 술에다 영산포에서 가져온 흑산도 홍어코까지 곁들였으나 아쉬운 필력과 짧은 일정으로 훗날을 기약할 수밖에 없었다. 전 일정을 준비하고 안내해 주신 성덕사 지훈스님의 깊은 배려에 머리 숙인다.

삼봉 정도전이 유배 와서
기거했던 곳

고려말 친원배명 정책을 반대하다가 1375년 다섯 가구가 살던 이곳에 유배 와서 錦南雜題 등 저서를 남겼다. 1377년 풀려난 후 개혁사상과 새 왕조의 이념을 만들어 조선 개국의 일등 공신이 된다.

이곳 소재동으로 유배 와서 혁명의 웅지를 품었고 훗날 이성계를 만나 조선경국전을 펼쳤다.

백호임제문학관

임제(1549~1587) 병마사 예조정랑을 거쳤으나 양당으로 다투는 정계를 버리고 예속에 구애받지 않고 떠돌다 39세 젊은 나이로 생을 마친 풍류기남아 허균, 양사언이 그의 문재와 기백을 알았다.

「물곡사」 비문

조선만 유독 황제가 없으니 내가 죽어도 곡하지 마라
는 임제의 「물곡사」 비문

나주 회진리 영모정　　　임제가 시를 짓고 교유하던 곳

永慕亭 전경　　　영산강이 내려다보이고 팽나무와 괴목나무가 울창했다.

나주 덕산리고분군   반남면에 있는 사적으로 5세기말 백제시대 무덤군 이곳에선 마한세력의 무덤이라
한다.

나주 반남고분군   1963년 덕산리고분군이 사적으로 지정되고 2011년 인근고분군과 통합되어 나주
반남고분군으로 재지정 되었다.

금성군의 정청 금성관

정약용과 정약전이
별리한 율정원

형 정약전은 흑산도로 정약용은 강진으로 유배된 후
영원히 만나지 못한다.

흑산도에서 잡히는 홍어가 장시간 배로 영산포로 이송
되는 과정에 자연스레 숙성되어 이곳 영산포에 와서
제맛을 냈다. 지금도 홍어집들이 즐비하다.

이곳이 자랑하는 홍어코(홍어접시에 담긴 갈색부분)와
한번 마시면 술맛에 일어나지 못한다는 앉은뱅이 술

전쟁의 승패가 결정 났던 마을이란 데서 지역명이 유래되었다. 영암선 구간 중 가장
난공사 구간이었으며 절경지역

2022.01.19.

눈 오는 날 한번은 걸어 봐야 할 비경

봉화로 들어서니 잔설이 반기기 시작한다. 곳곳 기와집들이 선비 고장의 풍모를 지키고 있었다. 속도가 느린 데다 마주 오는 기차를 기다렸다가 비켜 갈 수 있도록 운영되니 느긋해야 한다. 그러나 이곳의 기다림은 오히려 정겹다.

눈 덮인 얼음장 아래 계곡물은 파르라니 맑고 곳곳이 비경이다.
지나치게 치장된 분천 산타마을은 코로나로 오히려 쓸쓸하다.

승부에 오니 눈까지 흩날리기 시작한다. 양원 – 승부 비경길을 걷기로 했다. 안내를 맡으신 수행 선생께서 사진 찍느라 정신없는 우리가 열차 시간에 늦지 않도록 걸음을 재촉하신다.

비경길에 사람이 아무도 없으니 사람도 아름다운 자취가 된다.
잔교 위에서 찍은 귀암은 비경 중 비경. 어느 각도에서 봐도 병풍 같은 절벽과 나무, 푸른 계곡 물소리가 어울려 천하제일이다. 흩날리는 눈이 너무 아쉬워 잔도 모퉁이에 남아 있는 눈을 가만히 만져본다. 이것만으로도 겨울은 난 것 같다.

양원역에 도착하니 눈발이 굵어지고 많아져 플로우리가 되고 환송하듯 춤춘다. 18시 50분 부로 대설주의보가 발효됐다는 안전안내문자를 받는다. 인기척이라고는 없는 양원역에 혹 기차가 놓치고 가지는 않을까 두려워진다. 기차는 정시에 도착했다. 음… 다른 계절에 또 와야지!

비경길의 꽃
거북바위

옆으로 비탈길이 있고 그 위로 이따금 기차가 달린다.

강원도 태백시와 경북 봉화군이 경계를 이루는 오지에 해발 1,000m가 넘는 산으로 둘러싸인 가파른 골짜기 안에 꼭꼭 숨어 있다 자동차로는 갈 수도 없다. 그런데 겨울이 가장 좋다.

손님을 반기듯 눈이 내리기 시작했다.

양원역 영화 <기적> 촬영지

봉화군 원곡마을, 울진군 원곡마을 두 마을의 원자를 따서 양원이라 지었다.
영화 <기적> 촬영지로 이름이 알려졌다. 역은 텅 비어 있고 올 때도 갈 때도 승객은
우리밖에 없었다.

겨울 강가에서

안 도 현

어린 눈발들이, 다른 데도 아니고
강물 속으로 뛰어내리는 것이
그리하여 형체도 없이 녹아 사라지는 것이
강은,
안타까웠던 것이다
그래서 눈발이 물위에 닿기 전에
몸을 바꿔 흐르려고
이리저리 자꾸 뒤척였는데
그때마다 세찬 강물소리가 났던 것이다
그런 줄도 모르고
계속 철없이 철없이 눈은 내려,
강은,
어젯밤부터
눈을 제 몸으로 받으려고
강의 가장자리부터 살얼음을 깔기 시작한 것이었다

벌목 경기가 좋았던 시절,
동해에서 온 생선 장수들이 문전성시를 이루던 곳
분천에는 산타마을이 들어서고
협곡열차가 관광객을 실어 나르고 있다.

장성 탄광촌에는 눈축제가 열리고
문화유산 등재를 준비하고 있었다.

한편 박물관에는 1960년대~1970년대
10:1 경쟁을 뚫고 독일로 간 광부들의
절절했던 삶이 사진으로 교훈을 주고 있었다.

16대 400년 내시 가계 정3품 김일준 고택

2022.02.16.

　매화 소식이 있는 계절인데 오늘따라 추위가 매섭다. 부산이 영하 4도, 목적지 청도는 영하 8도에서 시작해 한낮에도 영상 1도를 올라가지 않는단다. 게다가 동행 하시는 분들의 연륜과 무게감이 느껴진다. 어제 미리 청도군 문화관광과에 연락해 임당리 김씨고택 문을 열어달라 부탁하고 스님 짜장집 영업 여부도 확인해 두었다.

　눈부시도록 아름다운 동창천 건너 산자락 아랫마을 김씨고택(운림고택)은 내시로 정3품 통정대부까지 지낸 김일준이 기거했던 고택이다. 내시 가계가 16대 400여 년 이어진, 유래가 거의 없는 중요민속문화재다. 왕의 최측근 고위직 실력자이었으나 낙향하여 임 향한 일편단심으로 북향집을 짓고 구멍 뚫어 부인을 감시해야만 했던 절절한 내시의 삶이 묻어 있다.

　주변에 임호서원, 전통 한옥마을, 동창천, 동곡막걸리 양조장 등이 옛 모습을 지키고 있어 둘러보기 좋다.

　옆 동네에 있는 선암서원은 동창천변 경관이 빼어난 곳에다 소요당 박하담과 삼족당 김대유를 제향하는 곳이다. 주위에 1,770평 대지에 사당, 칠성바위까지 갖춘 운강고택과 만화정 등이 즐비하여 고택 체험엔 이만한 곳도 드물다. 곳곳에 임진왜란과 한국전쟁 관련 이바구들이 숨어있기도 하다. 영담한지미술관도 들러 봄직하다.

안채는 임금이 계신 북쪽을 향해 짓고 외부와는 차단된 구조이다.

夜 坐

백거이

기우는 달 이미 대청 앞을 서성이고

밤이 깊어가니 그리움이 자리 잡네

오동 그림자가 섬돌 위로 오르니

귀뚜라미 소리 쓸쓸함을 더하네

어느새 창틈을 비집고 가을은

찬 대자리로부터 다가오네

가슴에 맺힌 그리움 깊어 오는데

닭 울음소리가 밤을 밝히네

오랫동안 임당리 김씨고택으로 불리다가 최근 청도 운림고택으로 부르는 이유가 궁금하다. 임금을 최측근에서 보좌하던 정3품이었으니 세도가 짐작되나 양자를 들여 부인을 맞게 한 뒤 내시로 들여보내는 가계 계승의 한계가 느껴진다.

개울 건너 대문에 이르는 길이 꽤나 길다.

하트 모양의 출입자 감시 구멍을 낸 운림고택 사랑채

가계 성격상 폐쇄적일 수밖에 없는 내부구조가 특이하다. 부인은 이 작은 쪽문을
통해 밖으로 나가 채소나 나무 키우는 게 바깥 출입의 전부였다.

운림고택 인근 임호서원   임진왜란 때 공을 세운 박경신을 기리기 위한 서원이다.

양반집은 교살이라 하여 막다른 골목 끝에 골목과 직각 되게 대문을 내었다. 일중 김충현이 현판을 쓴 운강고택도 기운이 빠져나가지 않도록 골목 안에 대문을 두고 있다. 금천면 신지리에 소요당 박시묵 후손들이 집성촌을 이룬 마을에 있다.

萬和亭　　　　　　동창천변 수양버들 우거진 곳에 맥문동 꽃이 만발하는 운강고택. 6.25 전란시절 피
　　　　　　　　　란민 격려차 온 이승만 대통령이 숙박한 집이기도 하다.

선암서원 소요대　　　　현감관직도 하고 넉넉한 찬거리에다 육십 넘게 살았으니 이만하면 만족한다는 삼
족당 김대유와 소요당 박하담을 향사하는 서원

영담한지미술관

스님짜장집 강남반점

어느 날 유홍준 선생이 운문사 돌아오다 들렀다. 우연히 스님들이 짜장면 드시는 모습 보고 스님짜장집이라 불렀다. 독실한 불교신자인 주인은 자주 찾는 주지스님을 찾아 간판을 스님짜장집으로 바꿔도 되겠느냐고 물었다. 불편한 기색이었다. 그래서 간판은 그대로 두고 사찰 짜장이라 병기했다. 당연히 고기는 쓰지 않는다. 이를 안 이웃이 합천 해인사 TG 입구로 이사해 커다랗게 스님짜장 간판을 걸고 영업하고 있다.

동곡 양조장

청정지역 암반수로 소량 생산하고 직거래로 판매한다. 매년 봄·가을에 운문사 은행나무와 처진소나무에 막걸리 공양으로 유명하다.

04　예산 추사고택 서산 마애여래삼존상 개심사 보원사지

　가슴속에 오천 권의 문자가 있어야만 비로소 붓을 들 수 있다.
내 글씨는 비록 말할 것도 못 되지만, 나는 70평생에 벼루 열 개를 밑창 냈
고 붓 일천 자루를 몽당붓으로 만들었다.

조선조 학문, 서예의 최고봉 추사 김정희 선생은 그저 주어진 천재가 아니
었다. 이제야 추사고택을 참관했다. 추사 이전 추사 이상 없고 추사 이후
추사 이상 없다는 말을 실감한다. 중국 당대 최고봉 옹방강과 완원을 만나
인정받은 필력들을 대할 때마다 완전체 그 자체를 느낄 수 있었다.

서민 보살 대표 백제 천년의 미소 서산 마애여래삼존상은 먼 길 돌아오는
아들을 맞이하는 지극히 그윽한 미소를 띠고 있다. 어머님을 만난 듯 행복
감을 느낀다. 빠가사리탕과 면천막걸리로 점심하고 보원사지로 향했다. 지
금까지 만난 가장 큰 수조를 보며 가람의 규모를 가늠해 본다. 나말여초의
5층석탑과 승탑 당간지주 규모도 놀랍다.

수덕사 말사 아름다운 개심사를 찾았다. 다듬어지지 않은 원목으로 건축한
종각과 종무소의 자연미에 감탄할 즈음, 고종 어진을 찍은 한국 최초의 사
진작가 해강 김규진 선생의 대필 현판이 시선을 압도한다. 통도사에 불지
종가를 쓴 분이란다. 금강산 구룡연에 남긴 미륵불 한 획이 사람 키보다 크
다니 붓 크기와 먹물양을 가늠키 어렵다.

대원군이 부친 묘를 명당에 써 아들을 왕으로 만들었다는 남연군묘, 통상
요구가 거절되자 독일인 오페르트가 도굴해 보복하려고까지 했다는 예산
남연군묘의 풍수가 궁금했으나 다음으로 미룰 수밖에 없었다.

넉넉한 미소가 무엇이라도 들어 줄 듯하다. 백제 천년의 미소라는 별칭이 전혀 어
색하지 않다. 신라 천년의 수막새 미소도 떠올려진다.

2021.02.25.

추사 김정희(1786~1856) 선생이 태어난 곳, 묘역도 여기에 있다. 증조부가 영조의 딸 화순옹주와 혼인하여 하사받은 부지로 화순옹주 홍문과 묘막이 있고 뒤쪽에 집 안 원찰 화암사가 있다.

추사고택 사랑채

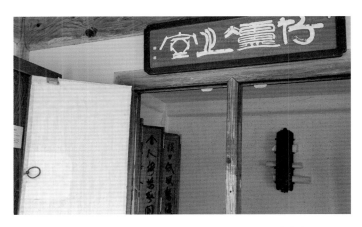

죽로지실　　　　　　　차를 끓이는 대나무 화로가 있던 방 사랑채

추사고택 사랑채

"가슴속에 오천 권의 문자가 있어야만

비로소 붓을 들 수 있다."

24세 때 청나라 사신으로 가 중국 당대 제일의 학자 옹방강과 완원으로 부터 재능
을 인정받았다. 완당이라는 호도 그로부터 나왔다.

추사 김정희가 쓴
봉은사 판전 현판

판전은 경판을 보관하는 건물이다. 1852년 북청 유배지에서 풀려난 뒤 71세에 별세한다. 이 현판은 별세 3일 전에 쓴 절필 七十一果病中作이란 낙관이 있다. 果는 그의 별호

"내 글씨는 비록 말할 것도 못 되지만, 나는 70평생에 벼루

열 개를 밑창 냈고 붓 일천 자루를 몽당붓으로 만들었다."

서산 용현리
마애여래삼존상

백제 천년의 미소라 불리는 서민적 불상의 대표 백제 후기 마애불. 중앙 석가여래
입상, 좌측 제화갈라보살, 우측 미륵반가사유상

보원사지 석조   현존하는 석조 중 가장 크다. 보원사는 100개의 암자와 1,000여 명의 승려가 있었
다고 한다.

보원사지 당간지주

보원사지 5층석탑과 승탑비

법인국사 탄문 보승탑　　　975년 보원사에서 입적하자 법인이란 시호를 내리고 보승이란 사리탑의 이름을
　　　　　　　　　　　　　　　내렸다.

개심사 범종각   굽은 나무 기둥을 그대로 살려 만든 범종각으로 유홍준 선생은 영주 부석사, 청도
운문사, 서산 개심사를 가장 사랑스러운 절집으로 꼽는다.

개심사 심검당   지혜의 칼을 찾는 집이란 뜻이다. 자연미를 살린 심검당 기둥이 심금을 울린다.

개심사 현판　　　　　　　고종 어진 사진사이며 대필 명필인 해강 김규진이 썼다. 늘 감탄하며 둘러보는 명
　　　　　　　　　　　　찰이지만 늦봄 겹벚꽃 필 때가 가장 아름답단다.

예산 수덕사 일주문

2021.02.26.

　백제 사찰 수덕사는 입구에서 대웅전에 이르기까지 흐트러짐이 없었다. 대웅전은 고려시대 맞배지붕의 전형으로 정결 담백함이 빼어났다. 이른 아침에 오르니 청신하고 번거로움이 없어 가파른 정혜사도 잡념 없이 오를 수 있었다.

오늘은 동안거 해제 날, 선종 근본도량의 풍모를 먼발치에서만 느껴야 했던 아쉬움이 있었다. 그러나 일미진중함시방에 관한 경허 만공 열전을 어렴풋이나마 느낄 수 있는 기운이 있어 참 좋다.
아 – 아름답구나.
내려오는 길에 수덕여관에도 들러 고암 이응노 화백의 예향을 곳곳에서 만났다 그러나 일엽스님이 기거했던 환희대는 찾을 수가 없었다.
절 입구 토속식당 산채비빔밥 맛이 절의 야사를 버무려 주듯 맛있었다.

639년 백제 무왕의 왕비가 국왕의 건강과 안녕을 기원하며 건립한 미륵사지 석탑은 규모로 보아 무왕 시절 어마어마한 국력과 경제력을 가늠케 하였으나 복원에는 아쉬움이 너무 크다.

동행한 선배 사학자가 일깨워 준다. '길가에 집 짓지 마라'라는 뜻을 알겠느냐. 미륵사 복원이 엉터리가 아니었다. 일본이 시멘트로 땜질 복원했다. 원망하나 당시 최고의 건축 자재가 시멘트였고 일본인들이 다 허물어져 내린 탑 조각을 꿰맞추어 복원했기에 지금의 모습을 갖출 수 있었다고 설명하신다.

백제의 왕도설 등 백제사의 수수께끼로 남아있는 왕궁리 사지에서 위로 받는다. 텅 빈 공간에 석탑만이 외롭게 버티고 서 있으나 오히려 충만하고 울림이 크다.

소전 손재형이 쓴
수덕사 동방제일선원
현판

소전 손재형의 끈질긴 노력으로 추사 김정희 세한도를 일본에서 돌려받은 일화는
너무나 유명하다.

수덕사 대웅전

덕숭총림 수덕사 종각

수덕사 대웅전   현존하는 목조 건축물 중 봉정사 극락전과 부석사 무량수전에 이어 오래된 건축물

수덕사 대웅전 맞배지붕

수덕사 대웅전 내부 　황토칠로 마감한 벽면에 그려진 벽화는 1937년 대웅전 해체수리 공사 중 발견했다.
박락이 심하여 완전히 알아볼 수는 없지만, 대웅전 천장은 알고 있는 듯하다.

수덕여관

고암 이응노 화백이 1944년 구입하여 1959년 프랑스로 건너가기 전까지 머물면서 그림 작업을 하던 곳이다.

1967년 동백림 사건에 연루되어 옥고를 치렀고 1969년 사면된 뒤 다시 프랑스로 떠나기 전 이곳에 머물면서 바위에 2점의 문자적 추상화로 암각화를 남겼다. 무엇을 그린 거냐고 묻는 이들에게 사람이 살아가는 모습이며 영고성쇠의 모습을 표현했다. 여기에 네 모습도 있고 내 모습도 있다. 우리가 살아가는 모습이다 라고 했다는 말이 전해진다.

수덕사 禪 미술관과
이응노 암각화

고암 이응노 화백이 작품활동을 하던 수덕여관과 우물 암각화를 포함한 일대가 기
념물로 지정되어 있다.

경허 만공의 선풍과 법맥을 어렴풋이 느껴본다 一微塵中含十方 미세한 티끌 하나
에도 법계가 다 들어있다. 크고 작음에 경계가 없고 본래 하나다 미세한 먼지가 사
람의 건강을 위협한다. 청량한 기운이 확 느껴진다.

스님은 정혜사로 오르고
방문객은 내려간다.

만공(1871~1946)이 참선도량으로 세운 정혜사 뒷모습

미륵사지 석탑과 석재들　목탑이 석탑으로 변화하는 과정을 알 수 있는 소중한
유물이다.

미륵사지 탑은 원래 모양과 높이가 같았을 것으로 추정되는 쌍둥이 탑이다. 20년에 걸친 보수로, 보수의 새장을 연 서쪽 석탑(미륵사지석탑)과 오른쪽에 실패한 복원의 대명사가 되어버린 동쪽 석탑(동탑)이 있다.

미륵사지 석탑은 7세기에 미륵사가 처음 지어질 당시 세워진 세 기의 탑 중 서쪽에 위치한 탑으로 우리나라 석탑 중 가장 크고 오래된 탑이다.

미륵사지 석탑은 목탑이 석탑으로 변화되는 모습을 확인할 수 있는 역사적 학술적으로 매우 중요한 탑이다. 층마다 모서리의 기둥이 다른 기둥보다 살짝 높게 된 형태. 지붕이 부드러운 곡선을 이루며 끝부분이 솟아오르는 모양 등 목조건축의 기법을 따르고 있다. 정면 3칸, 측면 3칸으로 구성된 1층에는 사방에서 계단을 통해 출입이 가능한 십자형의 공간이 있다. 그리고 그 중심에는 여러 개의 석재를 쌓아 올린 중심 기둥이 세워져 있다.

2009년 1월 심주석에서 사리장엄구가 발견되었는데 백제 왕후가 639년에 탑을 세우면서 사리를 모셨다는 기록이 확인되었다.

6층 일부까지만 남아 콘크리트 구조물에 의지하고 있었던 미륵사지 석탑은 구조안전진단 결과에 따라 해체 보수정비를 결정했고, 이 해체보수정비의 여정은 무려 20년이다.

관촉사 석등

관촉사 미륵대불

세계문화유산
익산 왕궁리 5층석탑

백제계 석탑 양식에 신라 석탑 양식을 더한 고려 초기 석탑으로 본다. 인근에 미륵
사와 제석사지, 익산토성, 낭산산성 등의 유적으로 보아 무왕의 왕궁이었다는 견해
가 유력하다. 이 석탑에서 나온 사리장엄구는 국보 123호로 지정되었다. 인근에 국
립익산박물관이 있다.

돈암서원　　　　　기호학파의 산실. 율곡 이이, 사계 김장생, 우암 송시열에 이르는 기호학파는 정계
　　　　　　　　　와 학계의 주도권을 잡고 극렬한 예송논쟁의 사상적 기반을 만들었으며 우암 송시
　　　　　　　　　열은 노론의 수장이 되어 퇴계 이황을 따르는 영남학파와 극렬히 맞서는 등 국론을
　　　　　　　　　분열시키는 폐단을 낳았다.

돈암서원 강학공간
응도당

산앙루(돈암서원 정문) 안쪽에 응도당이 보인다.

돈암서원 숭례사
꽃무늬 담장

돈암서원. 원정비 비문은 우암 송시열이 짓고 동춘당 송준길이 썼으며 사계 김장생
부자의 공덕을 칭송하는 내용. 궁궐에나 쓸 수 있는 꽃담장이 세도를 말해준다.

논산 개태사 대웅전 석불   고려 태조 왕건이 삼국 통일을 기념하여 세운 사찰 대웅전 석불이 독특하고 아름답다.

개태사 철확   국내에서 가장 큰 철 밥솥

개태사 어진전   개태사에는 통일 대업을 이룬 고려 태조 왕건의 어진이 모셔져 있다.

2021.02.27.

이른 아침 공산성에서 백제의 최후를 본다. 충복 예식진의 배신으로 피난지 웅진성에서 나당연합군에 패망한 백제 마지막 왕 의자왕. 포로가 되어 끌려간 역사의 현장에서 당태종의 연호 정관 15년이 새겨진 칠갑옷이 출토되었다.

475년 한산성에서 웅진으로 천도하였다가 538년 성왕 때 부여로 천도할 때까지 64년간 도읍지 공주를 수호하기 위해 축조한 성으로 백제시대에는 웅진성으로 불리다가 고려시대 이후 공산성으로 불리게 되었다.

나룻배 나루터 지명인 고마나루(곰나루)는 일본 구마모토 지명의 유래가 되었다고 전해진다. 신라 선덕여왕으로부터 대야성(합천)도 뺏은 왕이었으나 삼천궁녀 유행가만 전해져 와 애처롭다. 조선조 이괄의 난 때 이곳에 피난 온 인조의 입에 맞았던 임씨가 만든 절미가 인절미가 되어 오늘날까지 전해온다.

묘향산 지리산과 더불어 3대 神嶽으로 불리는 계룡산에는 동학사, 신원사, 갑사 등 3대 명찰이 있는데 육십갑자 중 으뜸 사찰 갑사는 420년 백제 아도화상이 창건하고 의상대사가 중수했던 화엄 10찰.
신라 문무왕 때 설치한 우리나라 최고의 철 당간지주와 화려한 부도가 있다. 돌아 나올 때는 옛 정문 정취가 남아있는 옛길을 걸어 보아야 한다.

신라 선덕여왕 9년(640)에 자장율사가 건립한 마곡사의 현판은 해강 김규진이 썼다. 지혜의 칼을 찾는 집이란 뜻의 심검당에서 마음의 칼을 담금질하는 정진의 참모습을 배울 수 있고 검이불루한 대광보전 창살 무늬에서 우리 선조들의 빼어난 미적 감각을 느낄 수 있다. 라마교의 영향을 받은 5층석탑과 중국에서 전래된 대웅전 지붕 중앙 청기와 한 장이 생각을 복잡하게 만든다.

세계유산
백제역사유적지구 공산성

고구려 장수왕에 의해 한강 유역(위례성)을 빼앗긴 백제가 웅진(공주)으로 천도
(475년)해 와 부여로 다시 천도(538년)할 때까지 64년간 백제 도읍지였다.

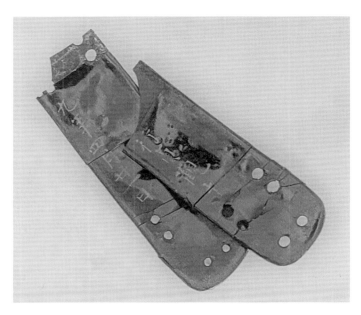

2011년 10월 공산성 유적 발굴 현장에서 645년(의자왕 5년)을 가리키는 당나라 연호 정관 19년이 적힌 옻칠 갑옷과 유물들이 발굴되었다. 이 유물들을 통해 웅진시대 백제의 생활 문화를 살필 수 있게 되었다.

깃발의 바탕색은 황색　백제시대 사람들은 황색을 우주의 중심색으로 여겼다.

갑사 입구 괴목대신

수령 1,600년이 넘는 회화나무. 마을 수호신이라 여겨 매년 정월 초사흘에 재를 지내고 있다. 임진왜란 때 영규대사와 승병들이 작전을 세우기도 한 호국불교 상징의 神樹

갑사 일주문　　　　　　공주 갑사는 계룡면 중장리에 있는 마곡사 말사. 표충원에 휴정 유정 기허 영정이
　　　　　　　　　　　모셔져 있다.

공주 갑사
쇠북과 쇠북걸이

쇠북은 사람을 모을 때 사용하는 청동으로 만든 북. 이 쇠북걸이는 가장 크고 화려한 형태로 해태 받침 위에 청룡과 황룡이 여의주를 물고 있다.

공주 갑사 승탑

朴 喜 宣 詩

지 비(紙 碑)

대적광전(大寂光殿)

오래 기두렸던

달이나 떠오를 양이면

체온이 스민

돌 하나를 남기고

멀리 떠나는

그윽한 새벽이거라

공주 갑사 철당간

통일신라시대 만든 유일
한 당간. 28칸이었는데
24칸만 남아있다. 영규대
사가 당간을 뛰어 오르내
렸다고 전해진다.

공주 마곡사   신라 선덕여왕 9년에 자장율사가 창건한 사찰. 개울을 기준으로 남원과 북원으로 나뉘어 있고 백범 김구 선생이 원종이란 법명으로 출가 수도한 곳

대광보전   마곡사의 중심 법당으로 해탈문, 천왕문과 일직선으로 놓여있고 5층석탑의 상륜부가 특이하다.

마곡사는 마곡천을 중심으로 남원과 북원으로 나뉘어져 있다.

지붕 꼭대기 중앙에 있는 청기와 한 장은 어떤 의미일까?

대광보전

대광보전 주련에 却來觀世間 猶如夢中事 라 썼다. 돌아와 세상을 바라보니 모두 꿈속의 일과 같구나 라는 뜻이다. 백범 김구는 50년 만에 돌아와 주련을 보고 감개무량했다 한다. 대광보전 현판은 표암 강세황의 글씨이다.

문화 길라잡이 수행 김부환 선생

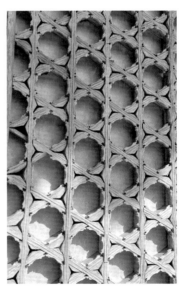

대광보전 꽃살 창호가 소박하고 아름답다.

지혜의 칼을 찾는 집이란 뜻의 심검당

용평터널   월연정 위에 남은 옛 철도터널

오미크론 여파로 우여곡절 끝에 찾아 나서는데 개화된 매화를 여지껏 단번에 본 적이 없어 걱정되기도 한다. 꽃을 볼 수 없다면 마음으로 피워보면 되겠지 뭐.

'돌이켜 생각하니 지금이 맞다.' 450여 년 전 여주이씨 이광진이 고향으로 돌아와 밀양 강가 기슭에 집을 짓고 도연명의 「귀거래사」에 나오는 금시 자귀를 차용 今是堂으로 이름 지었다. 그때 심은 은행나무가 가을이면 장관을 이룬다. 풍성한 노란 잎 속에 감추고 있는 기둥과 가지의 자태가 우아한 여인의 몸매같이 매혹적이다.

2022.03.02.

이백 년이 지나 그의 후손 이지운은 한쪽에 매화 한 그루를 심고 백곡재를 지어 선현을 추모하고 있는데 봄에는 매화, 가을에는 은행잎이 운치를 완성한다. 매화는 선비의 忍仁이 묻어있고 홀로 고아해야 즐길 맛이 난다. 백곡재 매화는 수형이 영남 으뜸이라 느껴지는 데다 가까이 다가갈 수 있어 애지중지했던 선비의 마음을 읽어 내는데 부족함이 없다. 아뿔싸 꽃이 없다. 아쉬워하는 차에 16대 종손을 우연히 만나 매화만큼 귀한 이바구를 들었다. 종손은 한학을 공부해야 조상의 유업을 이을 수 있다는 엄중한 당부로 대학은 가지 못했다고 한다. 여주이씨 가훈은 성호 이익 이래 千金勿傳, 돈을 물려주지 말고 학문을 물려주라 하지 않았던가. 독락당 – 금시당 – 퇴로리 고택으로 가훈이 이어져 있어 교육적 가치가 크다.

백곡재는 월연 이태 선생도 모셔져 있는데 멀지 않은 곳에 이태 선생이 지은 월연정이 있다. 청도천과 단장천을 밀양강이 품고 있는 비탈 언덕에 집과 정자를 자연 속에 심어놓은 듯하다.

우리 선조들은 달 완상을 즐겼다. 여기도 강물에 비친 달을 즐길 수 있도록 쌍경대가 지어져 있다. 과거에는 중국에서 가져온 귀한 백송이 있었다고 하나 지금은 배롱나무가 주인이 되어 손님을 맞고 있고 금시당과 동시대에 심었다는 은행나무는 수형이 전혀 다르다. 자연을 전혀 훼손치 않은 한국 전형의 별서로 소쇄원에 버금갈 만한 명승이다. 여기만 오면 마음이 편안해진다.

월연 이태는 금시당 이광진의 숙질. 양동마을은 문헌공파, 금시당은 교위공파, 강화도 이규보는 문순공파.

지금껏 내 스스로 마음을 육체의 종노릇 하게 하였으니…
실로 인생길 잘못 접어들어 헤메었지만 멀리 온 것은 아니니
지금 생각이 옳고 지난 세월 잘못 산 걸 깨달았노라.
잠시 조화의 수레를 탔다가 이 생명 다하는 날 돌아갈지니
주어진 천명을 즐길 뿐 다시 무엇을 의심하고 망설일까!

歸 去 來 辭—陶淵明(365~427)

금시당 16대 종손
이용정 선생과 함께

수령 450년의 금시당 은행나무. 월연정의 은행나무와
수령은 비슷하나 수형은 차이가 많다.

금시당

도연명의 「귀거래사」 今是而昨非. 즉 벼슬을 그만두고 돌아와 생각하니 지난날이
틀렸고 지금이 맞다란 글귀에서 따온 이름

금시당 매화

밤이 깊을수록 매화향은 그리움처럼 짙어지고 맑고 고요한 물가
야윈 매화는 이별의 아픔 또렷이 새겨 놓는데 창으로 살며시 다가
온 밝은 달빛에 숨겨야 할 情과 간직하고픈 香을 모두 들키고 만다.
宋　陳亮

금시당에서 내려다본
밀양강

월연정과 용평터널 입구 안내판

예림서원   점필재 김종직을 기리기 위해 세운 곳

월연정   청도천과 단장천이 밀양강에 합류하는 언덕에 지은 명승. 달 완상하기 좋은 가장
           원림 다운 원림. 뒤쪽에 석가산도 있다.

청도천과 단장천이 밀양강에 합류되는 곳을 내려다볼 수 있는 쌍경대

부북면에 있는 위양지

신라시대 때 축조되었다는 위양저수
지는 이팝나무 필 때가 절경이다.

연못에 떠 있는 완재정이 풍경을 완
성한다.

인근 퇴로리 고가마을도 둘러보아야
한다. 여주이씨 도원공파 종택이 있
어 양동마을 금시당과 더불어 종가
나들이 하기에 좋다.

무안면 고라리 사명대사 생가 현관. 사랑채 안에 사명당 현액이 희미하게 보인다.

추원재   부북면 점필재 김종직 선생 생가지

금시당 앞 밀양강 가을 풍경

초동 연가길(반월습지) 가을 풍경

세계문화유산 2관왕인 독락당 입구 신록

2022.04.13.

경주에서 영천가는 국도에서 서원길로 들어서면 멀리서 자옥산이 반긴다. 저 '산자락 즈음에 있겠지' 하는 순간, 백로 모습의 키 큰 소나무가 목을 주~욱 뽑아 객을 환영한다. 세심마을 냇가 수백 년 회화나무 고목들이 예사롭지 않음을 느낄때 즈음, 옥산서원으로 먼저 갈까 하다 독락당 자계천에 오래 머물 것 같아 발길을 돌려 먼저 정혜사지 13층석탑으로 향했다. 신라 유일의 13층석탑이고 사람들의 발길이 적은데다 국보다.

독락당으로 들어서니 정원의 수목 초화가 한방약초를 공부한 내 눈에 먼저 들어온다. 맞다. 옛 선현들은 自利利他 정신을 지닌 儒醫이셨으니! 이곳에 낙향하여 7여 년을 인고하며 학문의 깊이를 더했으리라.

《五常의 으뜸은 仁이요 仁이 心德의 전부이며 萬善의 근본이다. 聖人들의 가르침이 모두 求仁에 있다. 하늘과 백성에 순응하며 마음을 다스리는 도덕적 수양론을 경세의 근본으로 삼아야 한다.》그러한 회재 선생의 仁 사상의 향기를 어찌 홀로 두게 했으랴.

퇴계 이황 선생도 내방하여 옥산정사와 양진암이란 편액을, 아계 이산해는 독락당, 석봉 한호도 계정이란 편액을 남겼다. 계정은 높이를 낮추어 지었고 기둥을 계곡에 딛고 세워 반쯤 자계천 냇가에 나가 앉아 있게 했다. 정혜사 스님과 조금 더 자연과 함께하며 仁을 논했으리라. 혼자 있을 때도 냇물로 세심하려 담에 창을 두어 관상했다.

그 뜻을 아는 양자는 유배지에서 운명한 회재 선생을 정성껏 모셨고, 후학들은 옥산서원을 사액받아 선생을 추모했다. 추사는 판이 뚫어질 듯한 필치로 옥산서원 편액을 썼다. 호남 거두 고봉 기대승은 신도비에 추모글을 남기고 명필 이산해가 그 글을 새겨 기리고 있다.

연전에 소장품이 서울 나들이를 해 주목받은 서고가 이제야 눈에 들어온다. 그동안 겉모습에만 취했음이리라. 하늘이 내려와 말을 걸어오는 듯한 잔뜩 흐린 날씨였다. 자계천 흐르는 서원 앞 널따란 반석 계곡이 더욱 깊어 보인다. 나는 오히려 이런 봄날을 좋아한다.

해 질 무렵이면 장보고와 김대렴 고사를 들려줄 인근 흥덕왕릉도 둘러봐야 하나 일행들의 채근으로 경주 중앙시장 소머리 곰탕집으로 향할 수밖에 없었다.

주돈이의 「풍월무변」에서 따온 유생들의 휴식 공간 무변루. 올라가는 계단은 통나무를 깎아서 만들었고 현판은 석봉 한호 필체다.

회재 이언적 신도비　　비문은 고봉 기대승이 짓고 글은 아계 이산해가 썼다.

옥산서원과
강당 구인당 현판

을사사화로 유배지에서 생을 마친 뒤 옥산이란 이름으로 사액받았다. 강당 안쪽에
있는 구인당 현판은 한석봉이 썼고 옥산서원 현판은 추사가 제주도 유배 가기 직전
54세에 썼다.

자계천변 독락당과 계정　자연과 가까이하려 담장에 나무살문을 내고 난간은 낮추어 천변에 나가 앉혔다.
독락당과 계정을 지어 성리학 연구에 매진한 곳.
萬德의 근원은 仁이라 했다.

자계천 계곡에 탁영대, 관어대, 세심대 등이 있고 세심대 글씨는 퇴계 이황이 썼다.

계정

천변 암반 위에 가느다란 기둥을 세우고 쪽마루를 덧대어 난간을 두른 작은집이나 마루에 서면 산과 자계천 계곡이 바로 눈앞에 펼쳐진다. 편액은 한석봉이 썼다.

양진암 편액은 퇴계 이황의 글씨다.

옥산정사 편액은 퇴계 이황이, 독락당 편액은 아계 이산해가 썼다.

당대 학자들의 글씨들이 모두 모여져 있어 회재 이언적 선생의 위상을 짐작게 한다.
옥산서원은 양동마을이 세계문화유산으로 등재될 때 함께 등재되고 한국의 서원이
등재될 때 또 등재되어 세계문화유산 2관왕이다.

자계천을 내다보며 세심하려 독락당 흙담장에 살문을 두었다.

향나무를 그대로 살려
만든 담장

정혜사지 13층석탑　　　신라 석탑으로서는 유일한 13층 정혜사지 석탑. 氣가 강해 탑돌이 하면서 氣 받기
가 좋단다.

경주 정혜사지 13층석탑 (국보 제40호)

淨惠寺는 신라 宣德王 원년(780)에 중국 당나라 사람인 백우경이 이곳으로 망명 와서 짓고 살던 집을 후에 절로 고친 것이라 한다.

 경주 정혜사지 13층석탑은 1층이 크고 높은 데 비해 2층부터 급격히 작아지는 특이한 형태이다. 1층은 장방형으로 다듬은 돌로 네 모서리에 기둥을 세우고 면마다 문 모양을 만들었다. 1층 지붕돌은 넓고 얇은데, 받침 부분은 4개, 위쪽은 8개의 돌을 짜 맞추었고 윗면 모서리에는 *내림마루를 새겼다.
2층 이상은 모두 같은 모양으로 크기만 조금씩 다르다. 지붕돌과 위층 몸돌을 하나의 돌로 만들어 지붕만 겹겹이 쌓은 것처럼 보인다. 꼭대기에는 머리장식의 받침돌인 露盤이 남아 있다.

 정혜사지 13층석탑은 신라 석탑으로서는 유일한 13층석탑이다. 또한, 장방형 돌을 조립한 1층, 지붕돌과 몸돌을 하나의 돌로 만들어 올린 방식이 일반적인 석탑의 형식에서 벗어나 있다.

* 내림마루: 목조 건축에서 지붕의 모서리 부분에 기와를 몇 겹으로 높이 쌓아 솟아 있는 부분

신라 42대 흥덕왕과
장화부인의 합장릉

서해 방어를 위해 장보고가 청해진을 설치하고 김대렴이 당으로부터 차씨를 가져
온 시기이다.

흥덕왕릉 무인석

사진찍기 좋은 흥덕왕릉 소나무 숲

09 통영 세병관 제승당 옻칠미술관 박경리기념관 전혁림미술관

최초 삼도수군통제영 제승당   통영 지명은 삼도수군 통제영에서 유래되었다.

수루에서 내려다 본 통영 앞바다   한산섬은 바다를 지키는 등대도 50원 동전의 모델이 된 거북선 등대다.

2022.04.18.

하늘에다 글을 쓴다는 문학도시 통영. 그래서 등대도 연필등대다.

향수의 작가 정지용은 해방 직후 통영을 둘러본 후 통영과 한산도 풍경 자연미를 "나는 문필로 표현할 능력이 없다"고 했다. 백석은 통영 여인을 사모하여 천릿길을 세 차례나 내달렸다.

극작가 유치진, 청마 유치환, 현대음악 거장 윤이상, 시조시인 김상옥, 시인 김춘수, 작가 박경리, 화가 전혁림… 그리고 이중섭. 그러나 통영의 귀한 흔적들이 점점 사라져간다. 혓바닥을 붓으로 삼아 칠하고 갈고 붙이던 나전공예도, 내가 즐겨 찾던 서호시장, 다찌집, 유치환 거리도 이중섭의 흔적도 사라지거나 생경한 모습으로 새단장되어 아쉽다. 국제음악당이나 달아공원에 올라야 통영다운 경관을 즐길 수 있을 뿐이다. 오래된 집에 툭 들어가 옆자리 손님 얘기 들어가며 한잔하고 싶은 기분이 영 나지 않는다.

2007년 12월, 50년 만에 통영 고향에 돌아온 박경리 선생은 가족과 함께 현 박경리기념관 위 숙소에 머문다. 소식 듣고 찾아온 통영시장에게 "여기로 돌아오고 싶다."고 한다. 이듬해 5월 5일에 별세하자 박완서 장례위원장은 선생이 평생 집필하였던 원주에 모실 것인가를 두고 숙의 끝에 통영 앞바다가 내려다보이는 정장훈 변호사의 농장 땅에 3백 평을 허락받아 모셨다.

부산공예학교 교장을 지낸 화가 김봉진 선생이 서울미대 1학년 때, 교사나 할까 하고 한산도를 둘러본 후 통영의 한 다방에 들러 고민하고 있을 때 우연히 들른 청마의 눈에 서울대 배지를 단 청년이 눈에 띈다. 사연을 들은 청마는 곧바로 통영여고 미술선생으로 추천한다. 그리고 운명적으로 정운 이영도 선생 딸의 담임이 된다. 학생 지도를 위해 들른 청년 김봉진은 새하얀 시트 깔린 침대와 정갈한 여인 정향을 영원히 잊지 못한다.

문재인 대통령이 스승의날 문안 전화해 화제가 된 이희문 선생은 청마의 제자이자 동료 교사였다. 유치환과 함께 하고 아들 또래의 교사였으니 청마가 정향을 찾아 사라지는 날이면 청마 아내는 부담 없이 남편 안부를 알아봐 달라고 이선생께 부탁하곤 했다 한다. 김봉진 선생은 친구 아버지였고 이희문 선생은 나의 고교 스승이었으니 들은 이야기가 너무나 많다.

그러한 사연을 초량이바구길에 유치환 우체통을 만들어 곳곳에 숨겨 놓았다. "바다가 잘 보이는 창가에 앉아 진한 어둠이 깔린 바다를 그는 한뼘 한뼘 지우고 있었다. 동경에서 아내는 오지 않는다고."
'내가 만난 이중섭'이란 김춘수 시의 사연도 그 이바구길에서 만날 수 있다.
이렇듯 사랑받는 흔적들이 더 이상 사라지지 않아야 한다.

세병관

두보의 시 「세병마」에서 가져온 것으로 하늘의 은하수를 가져와 피 묻은 병장기를
닦아낸다는 평화를 기원하는 의미이다.

세병관 대청마루

제승당 충무사

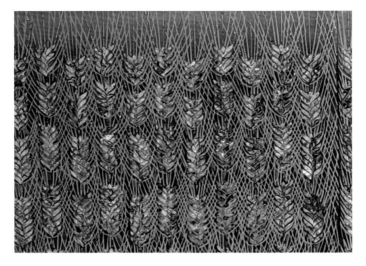

김성수 作   작품명 보리

통영옻칠미술관 전시실   경상남도 통영시 용남면 화삼리 658

2018.09.14.   옻칠회화 창시자 김성수 선생과 함께

4293.4.14. 나전칠기기술원양성소 졸업사진(원내가 김성수 선생)

통영옻칠미술관 앞
2022.04.17.

차명인 김대철, 옻칠 김성수 선생, 명창 배일동,
록명헌 정영석, 시조창 강재일, 향토사학자 정영도

박경리 기념관 동상

총무 김춘수

간사 윤이상

청마 유치환
초대회장

전혁림

1945.9.
통영문화협회
설립

1945.9.
통영문화협회 설립
기념사진

초대회장 유치환, 총무 김춘수, 간사 윤이상

남망산공원

남망산공원 디피랑

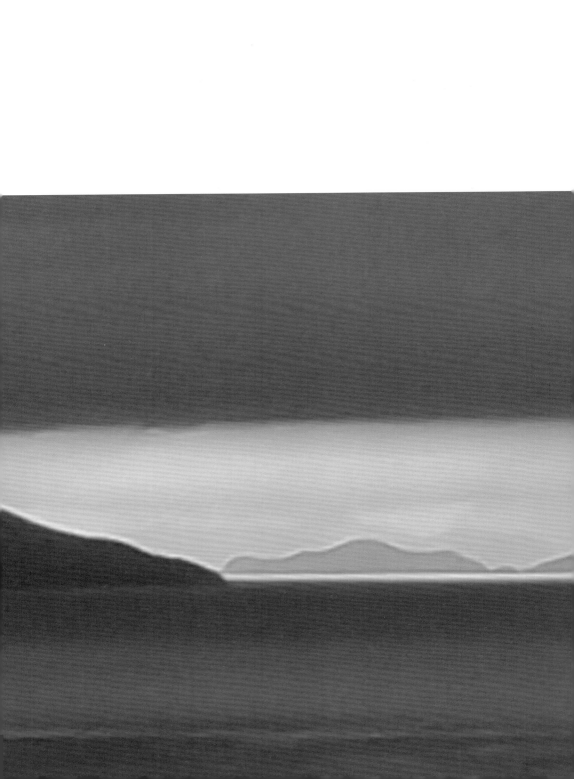

오면 민망하고 아니 오면 서글프고
행여나 그 음성 귀 기울여 기다리며
때로는 종일을 두고 바라기도 하니라

정작 마주 앉으면 말은 도로 없어지고
서로 야윈 가슴 먼 창(窓)만 바라다가
그대로 일어서 가면 하염없이 보내니라

　　　- 정향이 청마 유치환에게 보낸 편지

너는 저만치 가고 나는 여기 섰는데
손 한번 흔들지 못한 채
돌아선 하늘과 땅
애모(愛慕)는 사리(舍利)로 맺혀
푸른 돌로 굳어라

- 정향이 미처 보내지 못한 편지

ES리조트에서 내려다본 통영 앞바다

해 뜰 무렵 경주 흥덕왕(826~836)릉을 산책해 보라. 솔숲 사이로 햇살이 찾아와 김대렴이 차씨 가져온 이바구를 들려줄 것이다. 쌍계사가 그 차의 시배지라는 긍지를 가진 하동에서는 매년 이맘때 화개면 악양면 일원에서 야생차 축제를 연다. 이미 세계 중요 농업유산으로 인정받은 터다. 정금 차밭에서 신촌차밭을 거쳐 쌍계사 인근 차 시배지로 이어지는 2.7km를 걸어보며 각지에서 온 동호인들과 해후하는 즐거움도 있다. 진짜 축제는 이곳을 벗어나며 시작된다.

가야국 수로왕 일곱 왕자가 수행하여 성불한 곳 칠불사에 가면 허황옥(48년도래)이 먼저 차씨를 가져왔다 전한다. 가는 길에 관향다원 등 차밭들이 서로 자태를 뽐낸다. 진짜 차인 여천 김대철 선생의 해설도 맛깔스럽다. 아

쌍계사 입구 '쌍계 석문' 석각   고운 최치원이 쇠지팡이로 썼다고 하여 철장서라고도
한다.

2022.05.07.

자방도 탐방해야 할 필수 코스. 허왕옥이 왕자들을 사찰에 공부시켜 놓고는 그리워 찾아왔으나 물에 비친 그림자만 볼 수밖에 없었다는 영지에 얽힌 고사가 애잔하다. 아직까지 남아 회자되는 독특한 지명도 새겨 보아야한다.

칠불사 가는 길에 만나는 범왕리란 지명은 수로왕과 왕후가 함께 칠불사로 찾아왔다는 데서, 삼정리는 수행했던 세 정승이 머물렀다고 해서 유래되었고, 정금리에 대비마을과 대비암이 있어 허황후의 행차를 오랫동안 기억하게 하고 있다. 칠불사 창건은 수로왕 60년인 서기 101년이라고 기록되어 있는데, 고구려 소수림왕 2년 서기 372년에 불교가 전래되었다는 설을 271년이나 앞당긴다.

신흥마을 위 대성계곡에 쇠점터가 있고 그곳에 정씨(정재건 선생 – 당시엔 쇠점터 정씨로 통했다.) 내외가 살았다. 1971년 장인이 변호 비용 대신으로 받아 두었던 심산유곡 쇠점터에 초등학교도 들어가지 않은 어린 두 딸을 데리고 들어왔다. 나중에 이 계곡물만 생수로 팔아도 잘 살 수 있다고 꼬드겨서. 과자가 귀했던 두 딸은 우리가 가져간 과자와 꿀 밀랍을 횡재 만난듯 바꿔 먹곤 했다. 중학교는 벌꿀 키우는 교육으로 대신했다. 큰딸은 자주 들르던 진주 설창수 선생 댁에 유숙시켜 전국 최연소 고교 검정고시 합격자가 되었고 서울대를 거쳐 유명 디자이너가 되었다고 들었다. 계곡물에 빠져 허우적거리는 딸을 구조하기 쉽도록 물먹고 기진할 때까지 지켜보던 냉철한 아버지 밑에 큰 둘째는 서울대 국악과에서 정악을 전공해 인간문화재 전수자가 되었단다.

쌍계사 앞 옛 백운장 '찻집 단야' 수제 다과 맛을 잊을 수 없다. 그곳에서 이곳의 지난 50년사를 들으며 감회에 젖었다.

쌍계사 금당 　　　　　　당나라 6조 혜능의 머리를 모신 곳
　　　　　　　　　　　　금당과 세계일화 조종육엽 현판은 추사의 글씨로 알려져 있다.

쌍계사 금당 앞 5층석탑

쌍계사 대웅전과 석조

최치원이 쓴 국보
진감선사 탑비

진감이 중국에서 돌아와 쌍계사에 들어온 계기.

불교와 유학공부의 도리 국왕의 처세 등을 설파하고 세상을 떠나면서 '모든 것이 헛되니 탑 만들지마라.'했다. 국왕의 명을 받고 비문을 지어보니 자신의 공부가 미치지 못함을 아쉬워한다는 내용의 비문

그러나 고운 최치원의 뛰어난 글솜씨와 감동을 주는 명문이 있어 진감국사의 업적이 빛날 수 있었다. 진감국사는 804년에 당나라로 갔다가 830년에 귀국, 850년에 별세했고 최치원은 868년에 당나라에 가서 874년에 과거에 급제, 885년에 귀국했다.

쌍계사 일주문

칠불사 설선당   칠불사는 가락국 일곱 왕자가 수행했고 한번 불을 때면 49일간 따뜻하였다는
아(亞)자방이 유명하다.

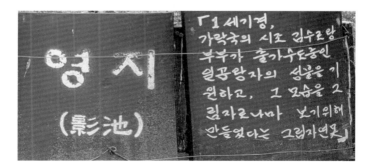

영지와 영지 안내기와

삼국사기에는 신라 흥덕왕 3년(828)에 김대렴이 차씨를 가져와 쌍계사 인근에 처음 심었다 하고 김해 지역에서는 수로왕비가 서기 48년에 인도에서 가져와 백월산과 가락 왕자가 공부하던 칠불사 인근에 맨 먼저 심었다 한다. 수로왕비가 이곳까지 찾아왔으나 수도하는 왕자들을 영지에 비친 모습만 볼 수밖에 없었다는 고사가 애잔하다.

사비 부여가 궁금했다. 금동대향로가 출토된 곳이 아니던가. 꼭대기에는 봉황이 감싸고 아래에는 용이 받히는 가운데 뚜껑에 겹겹이 산을 조성하여 다섯 악사의 연주 속에 계곡 사이 사이에서 향이 피어오르는…
한성도읍기(서울 BC18~AD475) 웅진도읍기(공주 475~538) 사비도읍기 (부여 538~660)를 거치며 부여에서 백제가 완성되었기 때문이다.

성왕(538)이 백제 중흥을 위해 천도하며 국호를 남부여라고까지 개칭한 의미를 되새겨 본다. 관산성 전투에서 신라에 패한 후, 왕실의 권위를 다시 높이기 위해 무왕은 익산을 경영하고 미륵사도 창건한다. 무왕의 아들 의자왕에 이르러 외교에 능한 신라가 당나라 소정방을 끌어들여 김유신의 나

가림성 느티나무   밤에 올라보니 감동적이고 신령스럽다. 영화 드라마 촬영지라는 안내판이 많다.

2022.05.18. - 05.19.

당연합군으로 백제시대를 끝낸다.

사적 제135호인 궁남지는 무왕 부왕의 시녀가 못가에서 홀로 살다 얻은 아이가 선화공주와 결혼한 서동 무왕이란 이바구를 들려준다. 매년 7월에는 서동 연꽃축제를 열어 기린다. 조경기술이 빼어나 일본서기에도 궁남지 조경기술이 일본 조경의 원류가 되었다고 전하고도 있다.

정림사는 사비시대 중심사찰로 주요 건물을 남북 일직선상에 배치한 전형적인 백제식 가람으로 사적인데다 세계 문화유산이다. 국보 제9호인 5층 석탑은 정제미와 세련미가 뛰어나 볼수록 환희롭다. 검이불루한 백제 문화의 특징을 단박에 알 수 있다. 보물인 석조 불좌상은 많이 마모 손상되었으나 묵직한 울림을 준다. 수많은 드라마 배경이 된 가림성 느티나무를 밤 8시에 올랐으나 오히려 감동이다. 신령스럽다.

아침 일찍 부소산성(사적 제5호)에 올라 서복사지 – 사자루 – 낙화암 – 고란사를 둘러본다. 절경 사자루에 걸려있는 대필 서예가 해강 김규진의 백마장강 현판은 도도히 흐르는 강 위를 백마가 달리고 새가 따르는 것 같은 필체다. 백제왕이 즐겼다는 고란사 암반수를 1956년에 이승만 대통령도 와서 마셨다는 사진을 보며 나도 마셔본다.

매월당 김시습이 말년에 머문 천년고찰 만수산 무량사는 흔치 않은 2층 불당에다 5층석탑과 석등, 김시습 초상이 각각 보물이다. 신라말 범일국사(810~889)가 창건하고 아미타 부처님을 모신 곳. 시간도 지혜도 세지 않는 무량의 도를 닦는 곳이란다. 매월당의 초상을 보며 이곳에서 말년을 보낸 까닭을 물어보고 삶의 지혜를 듣고 싶다. 우화궁 주련에 있는 글귀들을 오랫동안 음미해 본다.

인근에 있는 백제 성왕 때 심었다는 천연기념물 주암리 은행나무도 둘러봐야 한다. 둘레가 8.6m, 높이가 23m라 한다. 무량사 인근 녹간마을에 있다.

538년 지금의 부여로 도읍지를 옮기고 부여는 122년간에 걸쳐 백제의 흥망성쇠를
지켜 보았다. 날이 부옇게 밝았다는 말에서 유래한 부여는 새벽의 땅이었다.

정림사지 5층석탑   볼수록 세련되고 기품 있다.

백제 금동대향로

향로 맨 아래에 용이 발톱으로 땅을 디디고 입으로 향로의 본체를 문 형상. 본체의 윗부분(뚜껑)에는 산봉우리와 계곡 사이에 동물 42마리 인물 17명을 부조하고 향로 정상 바로 아래쪽에는 신선으로 보이는 5인이 완함, 북, 거문고, 배소, 종적 등 악기를 연주하고 있다. 불교와 도교적 요소가 함께 있는 백제문화의 정수

정림사지 석불좌상

백마가 금강을 달리고 물새가 뒤따르는 듯한 필체로 쓴 대필 명필 김규진의
사자루 현판

부소산 고란사

낙화암 백화정   백제가 멸망하게 되자 궁녀들이 이곳에서 몸을 던졌다고 한다. 1929년 궁녀들의
원혼을 위로하기 위해 낙화암 위에 세운 정자가 백화정이다.

선화공주 설화가 있는
궁남지 연못

연꽃은 나흘 동안 피는데
연꽃차는 향기가 절정인
이틀째 핀 연꽃이
오므라들 때

한두 잔 마실 정도의 차를
봉지에 싸서 노란 꽃술에
넣어 하룻밤이 지난 다음
날 우려 마신다.

아미타불을 모시고 있는
무량사 극락전

흔치 않은 2층 불전이나 내부는 하나로 트여있다. 석등과 5층석탑 극락전이 일직선
상에 배치되어 있고 왼쪽 위에 우화궁이 있다.

무량사 극락전 앞
고려 전기 석탑과 석등

시간도 지혜도 셀 수 없는 극락을 지향하는 곳
산신각에는 매월당 김시습의 영정이 모셔져 있다.

매월당 김시습(설잠스님) 초상
찌푸린 눈썹에 우수 띤 얼굴 눈의 총기가 생생하다. 옅
은 살색과 그보다는 짙은 담홍색 포가 조화된 초상화
의 가작이라 평가된다. 보물로 지정되어 있다.

매월당 김시습(1435~1493) 부도

무량사 승방 우화궁   부처님이 설법할 때 꽃비가 내렸다는 데서 따온 이름

강가의 구름 한조각 잘라   생애에 세척짜리 지팡이
가사 만들어 입네   하나면 족하다.

천연기념물 주암리 은행
나무로 백제 성왕 때 심었
다고 전해 진다.

강진만 가우도의 아침은 비경이다. 해 뜰 무렵 가우도 산책은 놓쳐선 안 된다. 볼그스레 열리는 먼 바다와 아련한 섬과 산, 백로의 한가한 아침 식사, 뒤질세라 물살 가르며 조업 떠나는 배들, 이 모습을 동상이 되어 물끄러미 바라보고 있는 이 지역 출신 김영랑 시인. 추사가 제주로 유배 떠난 마량포구, 청자 발상지 대구면도 인근에 있다.

쌍봉사 3층 탑과 대웅전은 사자산에 홀로 핀 맨드라미 같았다. 민초들의 애환을 위로해 주는 가냘프고 소박한 몸짓을 하고 있었다. 1984년 몽매한 이가 불을 내자 스스로 몸을 불살라 버렸다. 855년에 산문을 여신 철감선사가 지극히 아름다운 부도와 탑비가 되어 대웅전의 모습을 조금씩 조금씩 되찾아가게 하고 있었다.

장흥 보림사는 신라 9산선문의 하나였고 현존 신라 비로자나불 철불 3구 중 하나가 모셔져 있는 곳. 신라 석등, 석탑도 국보다. 영취산, 가지산 지명은 인도의 가비야성 내에 있는 지명에서 따온 것인데 이 보림사의 뒷산이 가지산이다. 보림사는 물맛이 좋아 경향신문이 선정한 한국의 명수로 선정되기도 했다.

석등과 석탑이 나란히 있는 유일한 절이기도 하다. 신라시대 부처님으로 신체가 균형 잡혀 있는 데다 8각 원당형 부도는 특히 운용조각이 아름답다. 부도에 조각된 자물쇠 문양은 안압지에서 실제 출토된 자물쇠 문양과도 같다.

석조물을 조각할 때 징, 망치, 손목에 힘을 완벽하게 배분해야 오래되어도 파편이 떨어지지 않는단다. 3층석탑과 마찬가지로 철조 비로자나불좌상도 아름답고 희귀하며 국보다.

쌍봉사 대웅전　　　　1984년 불타기 전 모습은 산중에 핀 고고한 목탑꽃이었다.

2021.05.29.

철갑선사 탑

팔각지붕엔 기왓골도 하나하나 표현하고 기와 끝에는
막새기와도 하나하나 만들었는데 막새기와의 문양까
지도 모두 조각했다. 1,200년이 지났는데도 떨어져 나
간 곳도 없다. 돌, 정, 손목에 힘을 균일하게 나누어 정
성을 다해야 가능하단다. 기단에는 사자 8마리, 구름,
연꽃을 기둥 각 면에는 문, 사천왕상, 비천상을 밀가루
반죽하듯 빚어 놓았다.

雙峰寺 澈鑑禪師塔 (국보 제57호)

부도는 승려의 사리나 유골을 모셔 놓은 일종의 무덤이다. 철갑선사는 원성왕 14년
(798)에 출생하여 18세에 출가하였고 경문왕 8년(868) 쌍봉사에서 입적하였다.
쌍봉사 절 안 북쪽에 있는 이 탑은 8각 원당형의 기본형을 잘 나타낸 부도다. 신라
의 여러 부도 가운데 조각과 장식이 가장 화려한 최대의 걸작품이다.
이와 같이 목조건축의 의장까지 섬세하고 정교하게 조각되어 석조 건물로서는 최
고의 극치를 보여주고 있다.
건립연대는 신라 경문왕 8년(868)으로 본다.

쌍봉사자문

철감선사 탑비

철감선사는 구산선문 사자산문을 연 스님. 탑비가 승
탑을 수호하듯 바라보고 있다. 조각공 필생의 신앙적
발원 아니고서는 감히 근접할 수 없는 경지에 이르는
걸작이다라고 적고 있다.
신라 경문왕 8년(868)에 조성했다.

쌍봉사 지장전

초의선사가 금당선사에게서 참선을 익힌 사찰. 대둔사로 가서는 다산 정약용과 교유하며 시 정신과 시 작업을 배웠다.

시간을 살리기 위해 만나는 친구야말로 믿을 수 있는 좋은 친구다. 친구 사이의 만남에는 서로 영혼의 메아리를 주고받을 수 있어야 한다는 말이 생각났다.

쌍봉사 천왕문

가지산 보림사 외호문

보림사 대웅보전

대적광전
철조 비로자나불좌상

나말여초 유행한 철로 만든 불상 중 첫 불상.
신라 헌안왕 2년(858)으로 조성연대가 밝혀져 있다.

보조선사 영성탑

보조선사 탑비

보조선사 탑

보림사에는 비자나무 군락지가 있고 청태전 발효차의 야생 차밭이 있으며 고려와 조선시대 차 문화 거점 역할을 했다. 보림사 약수는 우리나라 10대 명수이다.

대적광전 앞
3층 석탑과 석등

870년 통일신라시대에 조성된 대적광전으로 비로자나불을 주불로 모시는 전각 탑
과 석등은 통일신라시대 전형적인 양식으로 완전하게 남아 있어 귀중한 연구자료
다.

석탑과 석등

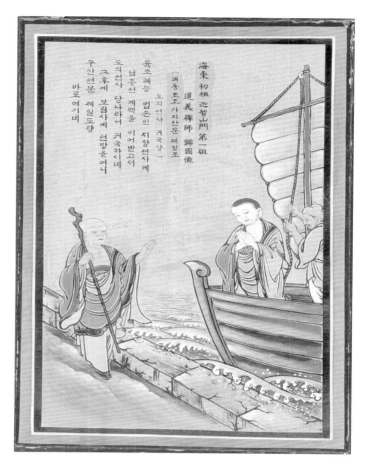

海東初祖迦智山門 第一祖

道義禪師 歸國像

(해동 초조 가지산문 제일조

도의선사 귀국상)

육조혜능 법손인 지장선사께

나 동선 제맥을 이어받고서

도의선사 당나라서 귀국하시네

그후에 보림사에 선방을 여니

구산선문 제일도량

바로여기네

보림사가 구산선문 제일도량임을 밝히고 있다.

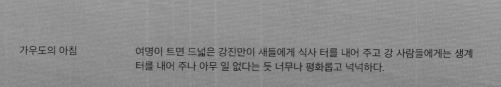

가우도의 아침　　　　　여명이 트면 드넓은 강진만이 새들에게 식사 터를 내어 주고 강 사람들에게는 생계
터를 내어 주나 아무 일 없다는 듯 너무나 평화롭고 넉넉하다.

삼랑진은 가깝다. 언제든 찾아 나설 수 있다. 낙동강을 끼고 있어 얘깃거리도 많고 경관도 빼어난데도 지나친다. 흥에 겨우면 막걸리 한잔하고도 기차로 30분이면 부산에 도착한다.

금관가야 수로왕 5년(46년)에 지었다는 만어사. 미륵전 밑에는 따라온 물고기들이 돌이 되었다는 萬魚石이 5백 미터의 너덜을 이루고 있고 이 암괴류가 천연기념물이다. 종소리가 난다는 이 경석을 1970년대에 일본에 팔아넘기려 했다니… 운해를 즐길 수 있는 만어사는 삼국유사에도 나오는 유서 깊은 절이다.

삼국유사에도 나오는 만어사 앞 너덜 돌을 두드리면 쇳소리가 난다.

2022.06.01.

요산 김정한의 소설 '뒷기미나루'의 배경이 되는 나루터는, 새색시 같은 밀양강이 선머슴 같은 낙동강에 안기는 곳이라 하폭이 바다같이 넓고 전망이 빼어나다. 다행히 교행이 어려운 벼랑 아래 위치하여 개발되지 않고 옛모습을 지키고 있다.

밀양강 하구 모래섬이나 머얼리 생림면 낙동강변 모래톱을 외롭게 지키고 서 있는 몇 그루의 나무들이 아스라이 어우러져 동양화 같은 아름다움을 선사하는 곳. 해 질 무렵 고깃배가 돌아오고 안개마저 낀 겨울이 되면 더욱 풍취가 있다.

1905년에 만들어진 콰이강다리를 건너면 김해 생림면 마사리, 금곡리. 드넓은 낙동강 하구의 초여름 생태계와 먼 산들의 높은 경관이 조화를 이루어 참 편하고 광활하고 경관이 빼어나다.

다시 다리를 건너오면 삼강서원을 만난다. 김종직의 문인이었으며 형제의 우애가 出天했던 민구령 5형제를 기리는 사당으로 紀事碑와 고목 몇 그루가 지키고 있다. 오른쪽 아래는 옛 후조창이 있었던 곳으로 밀양, 현풍, 창녕, 김해, 양산에서 거둔 세곡을 삼도수군절제영이 있던 통영에 조달했다는 흔적의 영세불망비들이 여럿 남아 있다.

삼랑진은 경부선과 전라선이 교차하는 교통 요충지로 아직도 돌담 벽 높은 일본인 철도관사와 우물 등이 옛 모습을 지키고 있다. 20여 년 전부터 이곳으로 이사와 일제 삼랑진역 조역 집에 살고 있다는 권 선생은 집 자랑이 대단하다.

연전에 동경대 교수 일행이 찾아와 자기 스승이 설계한 이 건물은 일본 긴자와 같이 진도 7.8에 견딜 수 있게 설계되어 있으니 지진이 나면 이곳으로 대피하라고 했다 한다. 일본인 역장 관사는 가장 높은 곳에 위치하여 전망이 좋고 바위를 벽체로 삼는 등 위엄있게 지었으나 해방 후 살려고 하는 사람이 아무도 없어 현재 원불교 교당으로 활용하고 있다. 여유가 있으면 삼랑진 낙동강 생태공원을 걸어보며 낙동강을 만끽해 보자.

우물도 소화전도 만든 지 100년이 넘었다.

삼랑진역
옛 일본인 철도관사

관동군 군사물자 보급지로 활용하기 위해 일본 긴자 건축 기준으로 지었다는 철도
관사. 지금도 설계에 관련된 동경대 교수 일행이 확인차 방문하곤 한다.

삼랑진 뒷기미나루   새색시 같은 밀양강이 선머슴 같은 낙동강에 안기는 곳. 바닷물도 밀려와 삼랑을
이루어 예로부터 웅어회가 유명했다.
나루터 횟집이 뒷기미의 옛 모습을 지키고 있다.

드넓은 딴섬누리생태공원

삼강서원

낙동강가에 형제애가 出天했던 김종직의 문인 민구령 5형제가 베개를 나란히 하고 기거하며 학문하고 실천한다는 명성을 듣고 경상도 관찰사가 조정에 보고 후 五友 후 현판을 걸었다. 이후 오우사에서 삼강사, 삼강사에서 삼강서원으로 승격되었다.

삼강서원 압구정

조만댕이(조창언덕)
영세불망비

밀양, 현풍, 창녕, 김해, 양산 등지에서 세곡을 모아 통영 삼도수군절제영에 조달했던 후조창(일명 통창) 터에 있다. 백 년 전까지도 통창골에는 주막거리가 있었다고 전한다.

만어사 대웅전

운해가 일면 장관을 연출하며 삼국유사 물고기 설화를 들려준다.

록명헌 현판을 서각해 주신 주정이 선생의 陋 室 사랑채 명패에 이름이 없다.

낙동강변 황산대로 낭떠러지 비탈길에 남아있는 잔도

톱 밭들에는 보리 빛이 한결 파릇파릇 놀랄 만큼 싱싱해진다.

뒷기미나루, pp.268-269

이렇게 부지런히 뱃일과 농사일을 하면서 사는 이들 가족에게 불행이 닥친 것은 비까지 퍼붓는 어느 날 밤이다. 낯선 손님들의 급한 요구로 춘식이가 배를 젓고 강 가운데쯤 이르렀을 때 갑자기 배를 세우라는 목소리들이 들린다. 밤손님들을 쫓아온 경찰이다. 춘식이가 이러지도 저러지도 못하는 사이 뒤에서는 총알이 날아오고 뱃전은 순식간에 아수라장이 된다. 선 채 노를 잡던 춘식이가 좋은 표적이 됨은 당연지사, 춘식이는 정신을 잃고 쓰러지고 배는 물굽이가 사나운 하류로 뒤집힐 듯 흘러가고 만다. 춘식이의 생사도 모른 채 속득이와 시아버지 박노인은 '폭도'들과 내통했다는 혐의를 덮어쓰고 기관으로 끌려가 모진 고문을 당한다. 폭도들은 "가까운 곳에서 일어났다는 어떤 폭동 사건"에 관련된 이들이다. 하지만 죄가 없음은 명백하니 이들은 풀려난다. 그러나 또 다른 비극은 이들을 수시로 찾아오는 기관원 중의 한 명에 의해 일어난다. 남편 대신 나룻배를 젓는 속득이에게 응큼한 마음을 먹은 기관원이 수작을 걸다 속득이가 몸을 피하는 바람에 뱃전에서 강으로 빠져버린 것이다. 속득이는 자수를 했지만 어쩐 일인지 생사도 모르는 남편의 행방을 캐물으면서 '살인사건'으로 처리되어 버린다. 시아버지 박노인이 뒷산에 목을 맨 건 며느리의 재판이 끝난 며칠 뒤. 억울함을 호소할 데 없는 이 땅의 힘없는 백성이 택한 최후의 선택인 것이다.

제석사 대웅전과 원효유허비

2022.06.17.

원효 탄생지에 원효가 세운 제석사(사라사)

원효, 설총, 일연 三聖賢이 경산 출신이다. 그중 원효와 설총은 자인면 출신. 慈, 仁 그 이름이 범상치 않다.

신라 경덕왕(742~765) 때 지어진 지명이 지금껏 불려지고 있는 데다 회재 이언적은 구인록에서 德의 기본이 仁이라 하지 않던가. 어머니같이 자애롭다는 慈는 또 어떤가. 나의 소요공간 鹿鳴軒 벽에도 당 유우명의 「누실명」을 써두었는데 德을 키우겠다는 다짐이었다.

대성화정국사 원효(617~686)의 탄생이 자인이란 이름의 배경이 아닌가 추측해 본다. 자인은 한장군놀이가 있고 계정숲도 자연림 보호지로 유명하다. 하나 뭐니해도 원효가 세운 제석사가 중심에 있지 않나 싶다. 원래 도천산 자락에 세워졌으나 이젠 도심에 위치한 작은 사찰. 많은 연구와 고증이 필요한, 그래서 더 이바구가 많은 사찰이다. 계정숲은 구릉지에 있는 천연숲으로 천연기념물이다. 한장군놀이 전수회관이 있고 자인현청의 본관이 보존되어 있다.

이곳에서 차로 20분 못미처 있는 반곡지도 꼭 둘러봐야 한다. 복사꽃 필 때가 가장 아름답다. 하나 사계절 언제나 운치 있다. 못둑에 심겨진 버들은 수령이 오래되어 둥치에 구멍이 뻥 뚫려 있거나 가지가 수면으로 늘어져 거기에서 뿌리를 내리고 있기도 하여, 땅과 물과 하늘을 하나로 만드는 신비한 공간을 연출하고 있다. 작지만 운치의 깊이가 있다. 밀양에 위양지가 있다면 경산엔 반곡지가 있다.

분황사 보광전에 모셔진
원효 초상화

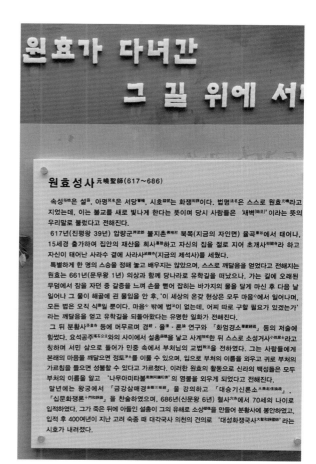

원효성사 元曉聖師(617~686)

속성(俗姓)은 설(薛), 아명(兒名)은 서당(誓幢), 시호(諡號)는 화쟁(和諍)이다. 법명(法名)은 스스로 원효(元曉)라고 지었는데, 이는 불교를 새로 빛나게 한다는 뜻이며 당시 사람들은 '새벽(始旦)'이라는 뜻의 우리말로 불렀다고 전해진다.

617년(진평왕 39년) 압량군(押梁郡) 불지촌(佛地村) 북쪽(지금의 자인면) 율곡(栗谷)에서 태어나, 15세경 출가하여 집안의 재산을 희사(喜捨)하고 자신의 집을 절로 지어 초개사(初開寺)라 하고 자신이 태어난 사라수 곁에 사라사(娑羅寺)(지금의 제석사)를 세웠다.

특별하게 한 명의 스승을 정해 놓고 배우지는 않았으며, 스스로 깨달음을 얻었다고 전해지는 원효는 661년(문무왕 1년) 의상과 함께 당나라로 유학길을 떠났으나, 가는 길에 오래된 무덤에서 잠을 자던 중 갈증을 느껴 손을 뻗어 잡히는 바가지의 물을 달게 마신 후 다음 날 일어나 그 물이 해골에 괸 물임을 안 후, '이 세상의 온갖 현상은 모두 마음(心)에서 일어나며, 모든 법은 오직 식(識)일 뿐이다. 마음(心) 밖에 법(法)이 없는데, 어찌 따로 구할 필요가 있겠는가'라는 깨달음을 얻고 유학길을 되돌아왔다는 유명한 일화가 전해진다.

그 뒤 분황사(芬皇寺) 등에 머무르며 경(經)·율(律)·론(論) 연구와 「화엄경소(華嚴經疏)」 등의 저술에 힘썼다. 요석공주(瑤石公主)와의 사이에서 설총(薛聰)을 낳고 사계(四戒)한 뒤 스스로 소성거사(小性居士)라고 칭하며 서민 삶으로 들어가 민중 속에서 부처님의 교법(敎法)을 전하였다. 그는 사람들에게 본래의 마음을 깨달으면 정토(淨土)를 이룰 수 있으며, 입으로 부처의 이름을 외우고 귀로 부처의 가르침을 들으면 성불할 수 있다고 가르쳤다. 이러한 원효의 활동으로 신라의 백성들은 모두 부처의 이름을 알고 '나무아미타불(南無阿彌陀佛)'의 염불을 외우게 되었다고 전해진다.

말년에는 왕궁에서 「금강삼매경소(金剛三昧經疏)」을 강의하고 「대승기신론소(大乘起信論疏)」, 「십문화쟁론(十門和諍論)」을 찬술하였으며, 686년(신문왕 6년) 혈사(穴寺)에서 70세의 나이로 입적하였다. 그가 죽은 뒤에 아들인 설총이 그의 유해로 소상(塑像)을 만들어 분황사에 봉안하였고, 입적 후 400여년이 지난 고려 숙종 때 대각국사 의천의 건의로 '대성화쟁국사(大聖和諍國師)'라는 시호가 내려졌다.

617년(진평왕 39년) 압량군 불지촌(자인면) 율곡에서 태어난 원효는 자신이 태어난 사라수 곁에 사라사(제석사)를 세웠다.

제석사에 남아 있는 원효의 흔적

자인에는 천연기념물 계정숲이 있고 자인 단오제가 전승되고 있다.

문화체육관광부 사진찍기 좋은 녹색명소로 선정한 반곡지 왕버드나무 산책길

하늘, 땅, 나무, 물이 하나로 어우러져 장관이다.

반곡지

- 서상달

봇짐 메고
재 넘는 나그네야

여기가
무릉도원일세

팔각 정자에
복사꽃 만개하고

반영 호수에
천연 고목이 숲을 이루니

복사꽃 향기로
한 상 가득 차려 놓고

반곡지 주례 삼아
도원결의 어떠한가

원효성사전과 탄생지   인근 용성면 용전리에는 원효가 창건한 반룡사도 있다.
유허비

일요일 오후가 비었다. 청도를 갈까 하다 함안을 가기로
했다. 가보지 못한 무진정과 악양루가 목적지였다. 생육신
조려의 손자 조삼 선생이 만년에 이곳 자연을 눈여겨 다듬
고, 높다란 바위 위에 정자 지어 명당을 만든 곳.

정자의 주련에는 '청풍명월과 소요합니다'만 '설마 놀기만
하겠는가'라고 썼다. 소수서원을 연 주세붕이 찾아와 선생
의 뜻을 알아내고는 '목마른 용이 물을 마시고 고개를 치켜
든 곳이 무진정'이라고 기문을 지었다.

정자 아래 바위 타고 흘러내리는 물줄기가 버들고목, 연못
물고기들과 어울려 방문객들을 위로해 주는 곳. 사월 초파
일 불꽃놀이는 장관이란다. 정자도 들문을 훌쩍 들어 올려
넉넉히 손님을 맞는다.
차로 20분 거리에 있는 악양둑방길로 향했다. 근년에 양귀
비 꽃으로 유명세를 탄 곳. 지금은 꽃이 없으니 찾는 이도
없어 쉬고 있는 경비행기 마저 측은하다.

2022.06.22

악양루는 꼭 가보리라. 그러나 함안천 건너 절벽에 걸쳐 있어 찾아가기가 쉽지 않다. 도중에 처녀뱃사공 노래비가 먼저 반긴다.

함안천이 남강에 합류하는 지점 깎아지른 절벽에 세워진 악양루를 바위 틈새로 머리를 숙여 가며 올랐다. 넉넉지 않은 공간이 정자로 꽉 채워져 사진 담기가 힘들다. 악양루 명필 현판을 쓴 분이 봉은사 현판을 쓴 청남 오제봉 선생이라 반가웠다. 나도 그분 84세에 德威相濟란 글을 받아 소장하고 있기 때문이다. 함안천 물가로 내려가 올려다보기도 하며 아무도 없는 누각을 만끽했다. 악양루에서 내려다본 남강은 유장했다.
석양은 눈부시단다.

오는 길에 생육신 조려 선생을 모신 어계고택과 서산서원, 조선에 살며 고려 유민임을 명시했던 고려동을 둘러보며 내 자신의 삶을 반추해 본다. 견현사제 하기 좋은 여정이었다.

어계고택의 院北齋 琴隱遺風 현액   생육신의 기품이 느껴진다.

無 盡 亭   생육신 조려의 손자, 무진 조삼이 만든 정자

함안 무진정　　　　　　　초파일 낙화놀이가 장관을 이룬다.

서원의 시초 백운동서원을 연 주세붕이 찾아와 '목마
른 용이 물을 마시고 고개를 치켜든 곳에다 지었다.'고
기문을 썼다.

조려, 김시습 등
생육신을 배향하는
서산서원

西山이란 백이숙제가 수양산에 머물면서 오직 고사리로써 생명을 부지하며 쓴
'西山에 올라 고사리를 캐네'라는 「채미가」의 첫 구절에서 따온 것이다.

어계고택

곧게 뻗은 나무가 생육신 어계 조려의 절개를 상징하는 듯하다.

고려동 담장 안 모습   비록 조선에 살지만 고려 유민임을 명시하는 고려동학을 세우고 조선에서는 벼슬
하지 않았다. 함안군 산내면 모곡리의 모곡은 담장 안을 뜻한다.
합천 삼가면의 삼가는 모은 이오, 만은 홍재, 전서 조열이 모여 우국충정을 달래던
곳이라 하여 그 이름이 생겼다.

고려말 성균관진사 이오는 고려가 망하자, 고려왕조에
충절을 지키기 위해 외부와 담을 쌓아 고려 유민임을
명시하고 자급자족하며 살았던 고려동. 오른쪽에 절개
의 상징인 자미홍 고목이 있다.

함안 아라가야 말이산 고분군

함안천과 낙동강이
합류하는 절벽에 세워진
악양루

오어사 자장암   포항 오천읍에 있는 오어사는 신라 진평왕 때 건립된 옛 항사사로 혜공, 원효, 의상
이 수행한 사찰이다.

2022.06.29.

아침까지 비바람이 거셌다. 순간풍속이 초당 8m/s. 나는 날씨가 주는 특별함을 경외하며 즐기는 것을 좋아한다. 다행히 비가 뭐 그리 대수냐며 오히려 채근하는 도반이 있어 너무 다행이다. 오늘 목적지 오어사는 신라 26대 진평왕 때 건립된 사찰.

진평왕은 어떤 인물일까. 재위 기간(579~632)이 가장 길고 화랑에게 세속오계를 가르쳤으며 김유신과 김춘추가 등장하는 시기. 선덕여왕의 아버지요 증손자가 문무대왕. 수, 당 외교를 통해 삼국통일의 기반을 닦은 인물이나 가려진 인물 그래서 더 궁금했다. 그 시기에 지어진 항사사가 원효와 혜공이 죽은 물고기 살려내기 법력 경쟁했다는 구전으로 吾魚寺란 이름으로 바꿨다. 지금도 박물관에 고려동종과 함께 원효의 삿갓과 수저가 소장되어 있다. 호반 둘레길을 걸어보는 것도 좋다.

우선 거북이 등에 세워져 혈이 끊기지 않은 곳에 세워졌다는 자장암에 올라본다. 차로 우회하여 오를 수 있는 길도 있다지만 고승들이 올랐을 법한 길을 택했다. 길이 가팔라 쉽지 않은 길을 헉헉거리며 20분은 올라야 도착한다. 올라보면 오어사가 한눈에 들어오는 명당임을 단번에 알 수 있다. 겨울 풍치는 더없이 아름답단다. 맞은편 깊은 계곡에 자리한 원효암은 공부하기 더없이 좋아 보인다.

구룡포 하면 과메기, 까꾸네 모리국수가 생각난다. 과메기는 해안가 맑은 선들바람에 꼬독꼬독 말려 육담 잘하는 아지매가 장만해 줄 때 제맛이다. 원래 구룡포에는 귀항한 어부들의 허기 달래 주던 모리국수집이 하나 있었다. 버리다시피 하는 신선한 생선들을 모아(모리:사투리) 국물 만들고 큼직하게 한 양푼이 끓여 내놓는 칼국숫집. 대여섯이 앉을 수 있는 도라무통 탁자 몇 개가 전부인 좁은 공간에 손님이 오면 그때야 반갑게 끓여 내놓는데 그 맛이 기막혔다. 지금은 인근에 모리국수집이 여럿 있다.

일제강점기에 몰려온 일본인 어부들이 만들어 놓은 일본인 가옥 거리도 볼 만하고 근처 삼정리 주상절리도 추천하고 싶다.

한반도를 호랑이 형상으로 볼 때 꼬리에 해당하는 호미반도 해안길을 둘러보며 연오랑세오녀 설화도 새겨 보면 좋다. 덕수궁 석조전을 설계한 하딩에 의해 1908년에 만들어진 순백색 호미곶 등대는 2022년 세계등대유산 선정됐단다. 각층에 새겨진 대한제국의 상징 오얏꽃 문양도 특히 눈여겨 볼만하다.

오어사 대웅전

혜공과 원효가 죽은 물고기에 법력을 넣어 살려 보내는 내기를 하였는데 한 마리만 헤엄
치자 서로 자기가 살려낸 물고기라 하여 吾魚寺로 개칭하였다는 고사가 재미있다.

오어사 원효암

앉아보면 참 공부하기 좋은 자리로 확 느껴진다.

원효 존영과 삿갓 숟가락 믿고 보면 소중한 것

자장암에서 내려다본
오어사

계곡에 걸쳐있는 원효암
건너가는 다리가 2시 방
향에 거미줄만큼 가늘게
보여 자장암 높이가 가늠
된다.
바위 아래 왼쪽 계곡 앞
대웅전 지붕은 눈여겨보
아야 보인다.
자장암에 차로 우회하여
올라갈 수 있으나 땀 흘리
며 걸어 올라야 제대로 느
낌이 와닿는다.

원효암 올라가는 길, 계곡 약수 물맛이 좋다.

자장암 관음전

구룡포항

오어사 부도

오어사 동종　　　　　　제작자와 조성연대가 선명히 남아있다.
　　　　　　　　　　　용뉴는 종을 매달며 소리 대롱인 음통이 있는데 음통
　　　　　　　　　　　은 우리나라 범종에만 있다.

구룡포 일본인 가옥 거리　　1883년 조일통상장정 이후 어항인 이곳으로 일본인들이 몰려와 살았던 곳.
　　　　　　　　　　　　당시 요릿집 후루사또야 가옥은 내부 형태가 그대로 보존되어 있다.

호미곶 조형물과 호미곶 등대(좌측) 아래쪽 호미곶 등대를 눈여겨보면 덕수궁을 설계한 하딩에 의해 곳곳에 오얏(李)꽃 문양이 각인되어 있다. 그간 일본이 만든 것이라 잘못 알려져 왔다.
매년 세계에서 하나씩 선정되는 올해의 등대로 2022년 등재되었다.
장기곶은 다산 정약용이 강진으로 유배되기 전 1801년 1차 유배되었던 곳이기도 하다.

양남 주상절리

오후 2시 지나 건천 우중골로 향했다. 부산에서 1시간 조금 지나니 건천 IC. IC 빠져나와 송선저수지를 지나니 곧장 신선사길. 산림초소 인근에 주차할 때까지는 쉬웠다.

단석산은 신라 5악 중 최고봉이라 깊고 가팔랐다. 아무도 없는 오르막 산길을 40여 분 걸으니 멀리서 아련히 독경 소리가 들려온다. 인기척이 반갑다. 조용히 대웅전을 거쳐 상인암 마애불상군에 도착했다.

초여름인 데다 산이 깊고 높아 그런지 내방객이 없다. 우선 조심스럽고 경건한 마음으로 왼쪽 바위에 새겨진 삼존불, 반가사유상, 공양상, 여래입상불을 올려보며 인사를 드린다. 한분 한분 참 섬세하게 조성되었다 감탄하는데 모두가 오른쪽 미륵대불 방향으로 올려다 보고있는 게 아닌가.

장식도 없는 거대한 미륵불의 위엄에 환희심이 일어나고 고개가 절로 숙여진다. 길고 깊게 예를 올린다. 거기서 다시 오른쪽으로 보면 관음보살상이, 그 오른쪽에는 지장보살상과 상인암 조상명기가 석각되어 있다. 와— 7세기에 조성된 마애불상군 국보 속에, 나와 처 두사람만이 은은한 대웅전 독경소리 들으며 온전히 홍복을 누리고 있구나…

동국여지승람에 신라 김유신(595~673)이 이 석굴에서 검술을 수련하며 베어놓은 큰 돌들이 산더미같이 쌓였는데 그 아래 영험한 땅에다 세운 절이 신선사 라고 적고 있다. 높이가 3장이나 되는 1존의 미륵석상과 2존의 보살상들은 그 모습이 미묘하면서도 단아하고 엄숙한데 그러한 내용이 남쪽 바위에 석각 되어 있다고 쓰고 있고, 삼국사기에는 김유신이 홀로 중악석굴로 들어가 하늘에 맹세하였다고 기록하고 그 석굴을 신선사로 보기도 한다고 적고 있다.

신선사 남암 지장보살상

2022.07.09.

북암 미륵본존불상

북암 삼존불 및 반가사유상

북암 공양인상

석굴암대불(石窟庵大佛)

– 청마 유치환(1908~1967)

목 놓아 터트리고 싶은 통곡을 견디고
내 여기 한 개 돌로 눈감고 앉았노니
천년을 차가운 살결 아래 더욱
아련한 핏줄, 흐르는 숨결을 보라

목숨이란! 목숨이란 –
억만년을 원願 두어도
다시는 못 갖는 것이매

먼 솔바람
부풀으는 동해 연蓮 잎
소요로운 까막까치의 우짖음과
뜻 없이 지새는 흰 달도 이마에 느끼노니

뉘라 알랴!
하마도 터지려는 통곡을 못내 견디고
내 여기 한 개 돌로
적적히 눈 감고 가부좌하였노니.

동암 관음보살상

단석산 신선사 대웅전

慶州 斷石山 神仙寺 摩崖佛像群

국보 제199호   신라시대 7세기 전반

단석산은 신라시대 때 화랑들의 수련장소로 이용되었던 곳으로, 산 이름은 김유신이 검으로 바위를 내리쳤더니 바위가 갈라졌다는 전설에서 유래한다.

이곳은 거대한 암벽이 'ㄷ' 모양으로 높이 솟아 하나의 돌방을 이루고 있으며, 인공적으로 지붕을 덮어 법당을 만든 신라 최초의 석굴사원이다. 남쪽 바위 보살상 안쪽에 새겨진 명문에 의해 이곳이 신선사였고, 본존불은 높이가 일 장 육 척인 彌勒丈六像인 것으로 밝혀졌다.

안쪽 바위 표면에는 반가사유상과 함께 삼존불상이 있으며, 삼존불상은 왼손으로 동쪽을 가리키고 있어 본존불로 인도하는 독특한 자세를 보여준다. 이 밑으로는 버선 같은 모자를 쓰고 손에 나뭇가지와 향로를 든 공양상 2구가 있으며, 모두 불보살 10구가 돋을새김 되어 있다.

7세기 전반기의 불상 양식을 보여주는 이 마애불상군은 신라의 불교미술과 신앙연구에 귀중한 작품으로 평가되고 있다.

대견사   삼국유사를 남긴 일연이 22년 수도한 곳으로 수도하기 좋은 洞天과
부처바위가 특별하다.

2022.07.10.

　해발 1,000m가 넘는 곳에 앉은 대견사는 구불구불 급경사 길을 전기차로 20분 이상 올라야 있다. 오르는 길에 조각 작품 같은 화강암이 널려 있는데 이 1.4km 암괴류가 천연기념물이다. 이곳은 고려시대 보암당으로, 왜곡된 우리 역사를 바로잡을 수 있도록 길을 열어준 보각국사 일연이 22년간 주석하신 유서 깊은 사찰이다.

조선시대에 대견사라 이름이 바뀐 후 일제강점기 때 풍수를 이유로 폐사된다. 2014년에 중창되었으나 9층석탑 자리에 3층석탑이 복원되고 유가심인도와 석굴(洞天), 참선바위도 그대로 남아 있어 기운을 가다듬는데 참 좋다. 한여름인데도 시원한데다 오늘따라 사람들 마저 오지 않아 참선 모양새 내기가 더없이 좋다. 바로 뒷산이 30만평 참꽃 군락지이니 넘치는 인파로 제철에는 오를 엄두도 나지 않는 곳이란다.

이곳 마당 앞부분은 축대를 쌓아 조성했는데 신라시대 축대의 원형이 그대로 보존되어 있다. 돌과 돌의 배치가 불규칙 한데다 큰돌 사이사이로 작은 돌을 메워놓아 일견 엉성해 보이나 세월이 지날수록 단단히 채워지고 지진 등 재난에도 더욱 안전하단다. 신라인의 지혜다.

내려오는 길에 신라 흥덕왕 2년(827년)에 세워진 유가종의 총본산 유가사도 둘러본다. 局司堂과 십방루가 눈에 띈다. 복원이 활발히 진행되고 있으나 정체성 없는 어설픈 복원이 아닌가 마음이 무겁다. 유가는 요가(yoga)의 음역.

도동서원, 하목정, 남평문씨 세거지는 시간상 다음으로 미루어야 했다. 추억을 찾는 이들을 위로해 주는 박소선 할매집 곰탕이 원래 자리를 지키고 있어 옛 현풍 모습을 회고할 수 있게 해준다. 고맙다.

대견사

해발 1,000m 높이에 자리하고 있는 통일신라시대 사찰 대견사.
신라시대 쌓은 축대가 온전히 남아 있다.

대견사는 삼국유사를 쓴 일연스님이 1227년 22세에 초임 주지로 온 후 22년간 주
석한 곳. 삼국유사 자료수집 집필 구상한 사찰

洞天

오른쪽 벽면에 새겨진 정결하고 아름다운 마애불

대견사에 남아있는 유가심인도

참선과 호흡이 잘 되면 몸의 경락이 열린다고 한다. 이를 요가에서는 차크라(chakra)라 한다. 유가심인도는 그 모습을 그린 것이다.

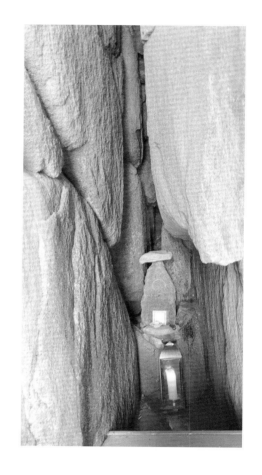

洞天

유가심인도가 새겨진 바위 뒤에 조그만 동굴이 있다. 이런 공간을 동천(洞天)이라 부른다. 수행하기 좋은 공간이다.

유가사 십방루   통일신라시대 도승이 창건한 유가종의 총본산 지금은 조계종

참선바위 옆 氣 바위

참꽃 필 무렵 대견사

참선바위   30만 평 참꽃 군락지 꼭대기에 있다.

普覺國師 一然 詩碑 陰記

위 詩는 고려 충렬왕 대 (13세기) 보각국사 일연이 지은 삼국유사
包山二聖 條에 관기. 도성. 반사. 첩사를 찬양하는 詩다.
이 두 작품은 보각국사의 詩 중에서도 압권인 千古의 절조다.
신라시대 包山 (비슬산) 南嶺에 관기. 北嵒穴에는 도성이 수
도하며 서로 내왕하던 중. 도성이 관기를 맞이할 때는 산중의
나무가 모두 남쪽을 향하여 눕고. 관기가 도성을 맞을 때는 북향하여
누어 맞이했다 한다.
　반사. 첩사 또한 속세와 인연을 끊고 草根木皮로 岩穴에서
수도하던 중. 달 밝은 밤 바위에 앉아 禪定에 들어 바람따라
날았다는 보각국사의 聖詩를 돌에 새겨 세상에 알린다.
　普覺 國師와 包山의 四聖師 공덕을 기려 비슬산의 儀大喜

보각국사 일연 시비

유가사 입구　　　　　　신라 흥덕왕 2년에 세워진 유가종의 총본산. 지금은 동화사 말사

유가사 앞 국사당

도동서원 中正堂　　　　　　　도동이란 공자의 道가 東으로 왔다는 뜻. 중정당 6개 기둥 윗부분에 흰 상지를 둘러
　　　　　　　　　　　　　　　동방오현 중 수현임을 나타내고 있다.

오르며 겸손을 체득게하 좁고 가팔라 갓 쓴 이의 머리를 절로 숙이게 만든다. 이 문을 지나야 배움터인 중정
는 도동서원 喚主門 당에 든다. 환주는 마음의 주인을 부른다는 뜻.
청정한 배움터에 들어가기 전 숨결을 가다듬고 눈길을 아래에 두고 고개를 숙이게
하는 가르침을 주는 문

은행나무 (수령 400년)   한훤당 김굉필을 모신 달성 도동서원. 세계문화유산이
다. 이 은행나무를 김굉필의 나무로 부른다.

19 강진 병영마을 하멜기념관 월남사지

　오랫동안 강진 병영이 궁금했다. 천연기념물이 된 수령 500년의 삼인리 비자나무의 사연이 알고 싶었고, 하멜의 쉼터였다고 그의 표류기에도 기록하고 있는 수령 800년 성동리 은행나무도 궁금했다.

병영에는 조선 태종 때(1417년)부터 전라 제주를 총괄하는 전라병영성이 있었고 특히 나가사키 항해 중 표류(1653년)한 네델란드인 하멜 일행이 7년동안 이곳에 억류된 기록이 있기 때문이다.

고목은 경배 되어야 하고 그 고목을 지키고 있는 마을에도 큰 절을 하고 싶다는 안도현의 시에 공감한다. 굽은 나무가 선산 지킨다는 말도 생각났다. 이곳에서 유일하게 살아남은 비자나무는 언덕배기에 있는 데다 작고 펑퍼짐해 재목으로는 쓸모가 없어 보이는 나무였다. 그러나 오랫동안 주민들에게 약재(촌충구충제)를 제공해 왔고 지금도 나라에 변고가 있으면 밤중에 소리를 내어 알린다고 주민들은 믿고 있다.

이곳 은행나무는 뿌리가 고인돌을 안고 크고 있다. 오죽했으면 그 품속에서 기거하기도 했던 하멜이 그의 표류기에 감사의 글을 남겼을까. 아직도 수형이 장대 당당하다.

하멜의 흔적은 곳곳에 남아 있었다. 병영마을 한 골목 옛 담장은 흙과 돌을 섞어 빗살무늬로 축조하고 있어 하멜이 사용했던 기술을 아직도 전수하고 있다. 적벽청류변에 만개한 자미홍이 살기 위해 서양 춤까지 췄던 하멜의 애환을 전해 주는 듯 해 씁쓸하다.

맛집 설성식당은 규모가 커진 데 비해 맛은 옛만 못했다. 멀리서 추억 먹으러 오는 사람들은 많았으나 병영의 맛을 느끼려는 사람들은 오히려 맞은편으로 향하는 듯했다.

하멜의 쉼터였던 수령 800년 성동리 은행나무 뿌리 부분에 고인돌이 있다.

2022.07.18.

수령 500년
삼인리 비자나무

고목은 경배되어야 하고
그 고목을 지키는 마을에
도 큰 절을 하고 싶다.

오랫동안 구충제로 애용
되어 왔고 주민들은 지금
도 변고가 있으면 소리 낸
다고 믿고 있다.

전라병영성 남문

전라도 병마절도사 병영성 인근에 하멜기념관이 있다.

하멜식으로 축조된 담장이 지금껏 이어져 오고 있다.

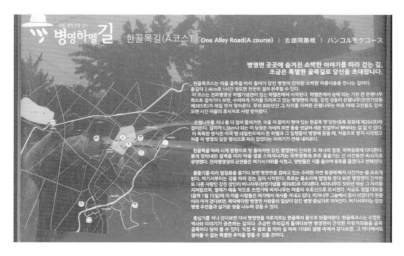

병영 하멜길   선원 64명 중 28명은 익사하고 하멜 등 36명이 제주도, 한양을 거쳐 이곳에 와서 7
                              년간 머물렀다.

하멜 일행은 가끔 인근에 있는 수인사 스님들과 교류했다. 실록에 발을 흔들며 춤 추는 자도 있었다고 기록하고 있다.

'네 자신을 증발시켜 바람에 네 몸을 맡겨라.
바람은 사막 저편에서 너를 비로 뿌려줄 것이다.
그렇게 되면 너는 다시 강물이 되어 바다에 이를 것이다.'

강진군 – 호르큠시 우호협력 20주년 기념 조형물   물가에 쉬고 있는 하멜

지나가는 길에

오래 묵어 나이 많이 잡수신 느티나무를 만나거든

무조건 그 나무를 향해 경배할 일이다.

더불어 그 나무의 마을을 향해서도 경배할 일이다.

나이 많이 잡수신 느티나무가 있는 마을은

충분히 경배받을 자격이 있다.

자연의 아름다움과 그 이치를 안다는 것은

자신이 스스로 자연의 일부임을 안다는 뜻과 같다.

자연의 일부이면서도 자연을 얕보는 인간들은

그 중요한 사실을 영원히 모르게 된다.

게다가 자연은 속일 수 없다는 것 역시

영원히 모르게 된다.

월출산 자락 설록 다원

월출산과 월남사지 3층석탑

월남사지 진감국사비

전면비문은 이규보가 지었다.
인근에 원림 백운동 정원이 있다.

20   추봉도 봉암 몽돌해수욕장 한산도 제승당

　오늘은 올해 들어 최고기온, So Hot So Good! 학창 시절 해변 찾아 떠나는 열정을 소환해 본다. 내밀하게 남아있는 낭만 찾으러 더 깊은 윤슬을 찾아간다, 추봉도 봉암 몽돌 해수욕장으로.

연육교 건너 있는 한산도도 마실 가서 땅끝마을까지 둘러 보리.

거가대교를 지나 거제 어구항에 이르니, 한산도 야소마을에 사는 전 선생 한테서 먼저 자기 집에 와서 점심부터 하고 가라고 연락이 온다. 제승당은 먼저 둘러보라고 하며. 그렇지 여기까지 왔으니 이순신 장군 사당 찾아 인사는 드려야지! 면사무소 지나니 바다 노인이 다 된 친구가 길가에서 파안의 미소를 띠고 기다린다.

제철 해물로 차려진 밥상이 한눈을 팔지 못하게 한다. 음미하며 이바구 듣다 보니 집 구경, 사는 얘기 들을 새가 없다. 아침에 잡아 올린 정갱이(아지)회에다 문어회, 볼락구이, 장어구이, 멍게, 명란, 호레기젓갈, 가지전 그리고 방아잎 듬뿍 넣어 깊은 맛 나는 장어탕까지. 입가심으로 이웃이 맛있다고 정으로 한덩이 건네준 아기 수박까지 내 놓는다. 와 – 이런 아름다운 인심도 있구나!

봉암해수욕장은 한산도와 연육교로 이어진 작은 섬 추봉도에 있는 몽돌 해변. 바닷물은 Clystal-Clean, 다도해 속에 있으니 파도는 고요하고 윤슬은 더욱 반짝, 무료하지 않도록 가끔 자갈 위로 올라온 파도가 자그르르 반주를 들려주고 수온 마저 알맞은 온도다.

주변 경관도 가까운 작은 섬, 먼 섬, 해송 고목이 흰구름과 어울려 고혹적인데 밤엔 조명까지 더해져 환상적이란다. 비닐봉지에 싼 귀중품 위에 몽돌 하나 올려놓으면 입수 준비 완료.

독일어 교사였던 서울내기 부인도 이 작은마을 해안가에서 20년을 젖으니 함께 간 생면부지 외국인과 후배에게도 무한정 베푸는구나. 아 – 그 베풂이 부럽고 고맙다. 최고의 힐링이었다.

2022.08.04.

수루에서 내려다 본 통영 앞바다.
적정을 살피기 좋다.

최초 삼도수군 통제영 제승당 한산문

한산섬 달 밝은 밤에   수루 내에 걸려있는 한산도가 우국충정의 깊은 고뇌가 서려 있다. 수루에 올라 적
의 동태를 살피며 시를 짓기도 했다.

제승당 충무사

제승당 현판 3.8*1.9

활쏘기 훈련장 한산정
실전 적응 훈련을 위해
바다 건너 과녁이 있다.

한산도 땅끝마을

추봉도 봉암 몽돌해수욕장

거제시 최초 보물 기성관

2022.03.20.

생일 기념으로 거제 비클래시 정글돔 숙박 1박2일 상품을 예약해 놓고 나니 서울 사는 큰딸 가족 모두가 오미크론 몸살을 앓았단다. 부산 사는 둘째네는 꼬맹이들이 있어서 함께 하기 꺼림칙했고 숙박비도 생각보다 비싸 부담스러웠다. 그러나 도착해 보니 고루했던 당초 내 생각은 완전히 빗나갔다. 오롯이 우리 가족만 숙소 수영장을 낮밤으로 즐길 수 있었고 온 가족이 안전하게 함께 할 수 있어서 단번에 아이들 생각이 나보다 앞서 있었다는 것을 알 수 있었다.

아이들이 숙소에서 즐기는 동안 주변에 있는 고택과 고목을 찾아 나섰다. 거제 하면 해금강, 바람의 언덕, 몽돌 해수욕장, 칠천도 등 해안선 위주로 돌아봤는데 가보지 못한 오래 묵은 거제면사무소 인근에 가면 뭔가 숨어 있을 거 생각했다. 예상은 적중했다. '반곡서원'과 '거제향교', 보물로 지정받은 객사 '기성관' 등이 관청 주변에 몰려 있었다. 짧은 시간에 생각 밖으로 좋은 경험을 했다.

반곡서원은 1679년 우암 송시열이 유배와 머물렀던 곳으로 곳곳에 유림들의 흔적이 있었고 왜구 방어를 위해 지어진 기성관은 올해 보물로 지정되었는데 진주 촉석루, 밀양 영남루, 통영 세병관과 함께 영남 4대 누각이란다.

주민들은 천년이 넘었다고 믿고 있는 둘레가 상상을 초월하는 '명진리 느티나무' 자태를 보며 감탄했다. 수령도 크기도 주장이 각각이었다. 그만큼 주민들과 애환을 같이 하고 있다는 반증이리라.

숙소로 돌아오는 길에 '외간리 동백나무' 고목도 놓치지 않았다. 고목 하나가 숲을 이루고 있었다. 엄청나다. 사실은 마주 보고 있는 두 그루란다. 그래서 이곳에선 부부나무로 부르고 있었다.

반곡서원   1679년 우암 송시열이 귀양 왔을 때 머물렀던 곳에 세워진 전학후묘 서원

죽천   유배온 분들이 마시던 물. 어떤 이는 죽천집을 내고 어
                       떤 이는 죽천이란 호를 가지기도 했다.

명진리 느티나무   높이 14m, 둘레 7.7m로 주민들은 신라시대 명진현 시절과 역사를 같이 한다고 믿
고 있다.

외간리 동백나무   멀리서 보면 숲과 같고 가까이서 보면 두 그루. 그래서 부부나무라고 한다.

망치 몽돌 해수욕장

거제둔덕 어구

거제 어구 ↔ 한산도 소고포 뉴을지카페리호 매표소
거제에서는 매시 정시에, 한산도에서는 매시 30분에
운항한다. 12~13시 사이는 점심시간으로 운항하지 않
는다.

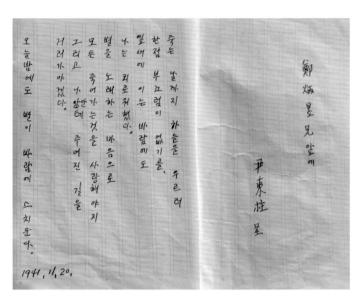

죽는 날까지 하늘을 우르러
한점 부끄럼이 없기를,
잎새에 이는 바람에도
나는 괴로워했다.
별을 노래하는 마음으로
모든 죽어가는 것을 사랑해야지
그리고 나한테 주어진 길을
거러가야겠다.
오늘밤에도 별이 바람에 스치운다.
1941. 11. 20.

鄭炳昱兄 앞에

尹東柱 呈

윤동주는 知音 정병욱 보다 다섯 살이나 위였으나 정병욱에게 兄이라 존칭하고 윤동주 呈(드림)이라며 존중했다.

윤동주 시인의 유고를 남몰래 지켜오지 않았더라면 이 아름다운 시의 영혼을 어찌 만날 수 있었겠는가.
잊지 말자 정병욱 선생과 윤동주 시인의 우정이 문학정신이 이곳 마루 밑에 숨겨져 있었던 지난 일들을 –

이 어 령

2022.09.16

피겨 영웅 김연아와 결혼한 고우림의 '별 헤는 밤' 노래를 듣다가 문득 광양 망덕포구 정병욱 가옥이 생각났다. 문학전공 대학생과 시인이 뽑은 가장 좋아하는 시와 시인 윤동주의 작품 '하늘과 바람과 별과 시'를 보존하여 등록문화재가 된 곳. 때마침 전어철이지 않은가.

정병욱 선생이 조선일보에 투고한 시조가 계기가 되어 만난 두 사람은 1941년 하숙도 같이하며 우정이 깊어진다. 정병욱은 윤 시인의 시 '흰 그림자'를 애송하며 호를 白影으로 고쳐 짓고, 윤동주는 졸업할 즈음 육필 시들을 원고지 채로 知音 정병욱에게 맡긴다.

정병욱은 학병으로 징집되어 가던 날 어머니에게 '이 시를 목숨처럼 지켜 조국이 독립할 때 세상에 알려달라.' 당부한다. 정병욱 어머니는 그 원고를 양조장 마룻바닥을 뜯어내고 장독 속에 보존하여 지혜롭게 지켜낸다.

이양하 교수, 윤동주 시인, 정병욱 교수 세분만 가지고 있던 시집 중 유일하게 광복 후 유고시집으로 나와 전 국민이 애송하게 된 계기를 만든 가옥이 아닌가. 윤동주의 서시를 공부하고 정호승의 시를 읽은 사람이면 꼭 가봐야 한다고 생각했다. 호남정맥의 최장맥 망덕산을 배알한다는 배알도, 김씨가 양식을 시작하여 그 이름이 김이 되었다는 김 시식지도 주변에 있다는데…

이순신대교 건너 있는 여수 흥국사는 1195년 보조국사 지눌이 창건한 호국불교 성지인데다 봄 진달래, 가을 꽃무릇이 유명하다. 임진왜란 시 승병훈련소로 의승군 본거지 사찰답게 과거에는 일주문 자리에 공북루라는 성문 누각이 있었다. 이순신 장군이 썼다고 알려진 공북루 현판은 의승수군 유물전시관에 승군 300명 명단과 함께 보존되어 있다. 나는 이런 사찰을 소중히 여긴다. 보물도 10점이나 된다.

대웅전, 대웅전 후불탱화, 목조 석가여래 삼존상, 목조 지장보살 삼존상 및 복장유물, 노사나불 괘불탱, 수월관음도, 16나한도, 후불벽화(백의관음도), 동종, 홍교가 그것이다.

용이 다리 밑을 굽어 보고 있는 것 같은 홍교는 현재 남아 있는 무지개다리 중 가장 크다. 원통전, 팔상전, 부도전, 응진전과 괘불 등 불전 모두가 매우 귀한 모습이다. 의승수군 유물전시관도 반드시 둘러보아야 한다. 여유가 있으면 꽃무릇 오솔길도 둘러보자. 절 입구와 원통전 주변은 유난히 아름답다.

망덕포구 등록문화재 정병욱 가옥

정병욱 가옥과
망덕나루 옛 모습

남해에서 1930년경 이곳으로 이주해 와 양조장을 운영했다. 어머니는 이 마루 밑 독에 습기 찰까 봐 볏짚을 깔아 보존하고 마룻장 위를 책장으로 은폐하여 지켜냈다.

'보이지 않던 별들을 찾아내 그 빛을 우리에게 주신 고마운 분들이 있다. 백영 정병욱 선생께서 윤동주 시인의 유고를 남몰래 가슴에 품어 지켜오지 않았더라면 어찌 이 아름다운 시와 영혼을 만날 수 있었겠는가, 적토의 땅을 일구어 국문학의 텃밭을 만드시고 어제와 오늘을 잇는 다리를 놓아주시니 학문의 덕이 미치지 않은 곳이 없다.
하지만 스스로 그 공적을 숨기시어 적적하더니 이제 이곳을 찾는 사람들의 발길이 끊이지 않을 것이다.
다만 잊지 말자. 선생과 윤동주 시인의 우정이, 문학정신이 바로 이곳 마루 밑에 숨겨져 있었던 지난날들을. 그리고 그 불멸의 두 영혼을 세상에 널리 전할지어다.'

- 이어령, 문학평론가 · 초대 문화부 장관

호남정맥의 끝자락 望德山을 배알하고 있다는 배알도

배알도에서 바라본 광양항

김 시식지 기념관 정문
해은문

망덕포구는 민물과 바닷물이 섞이는 기수지역으로 전어, 장어, 백합, 벚굴이 유명하다. 우리나라 최초 김을 양식한 김여익을 기리는 시식지 전시관도 있다.
1640년 김씨가 양식한 海衣라 하여 김으로 부르게 되었다고 한다.

흥국사 흥교　　　　　흥국사 입구에서 맨 먼저 마주하는 보물 홍교는 우리나라에서 가장 큰 무지개다리이다.

통나무 팔상전 문과 꽃무릇

흥국사 대웅전   영축산 자락에 있는 흥국사는 보물이 열 개나 되고 의승수군 유물전시관도 있는 대표적 호국사찰

흥국사 천왕문과 대웅전

원통전 기둥들은 주로 깎지 않은 통나무를 썼다. 익공집 다포집 주심포 조각들은
매우 섬세하다.

흥국사 범종각

흥국사
의승수군 유물전시관

백의관음도

흥국사 노사나불 괘불탱   절에서 큰 법회나 의식을 진행할 때 법당 앞뜰에 걸어
놓고 예배를 드리기 위해 만든 대형 불교 그림

공북루 현판과
의승수군 명부

이순신 장군이 썼다고 알려진 공북루 현판과 의승수군 명부. 의승수군 유물전시관
에 있다.

순천부 영취산 흥국사
선당 수집상량기

1633년 자운원정에 의해 찬술된 선당상량문을 1780년 응운스님이 다시 수집해 쓴
상량기이다. 40X225cm로 의승수군의 편래 등을 알 수 있는 중요한 문건이다.
임진왜란 때 이충무공과 함께 수군에서 전투에 임했던 자운스님과 승군의 편재가
기록되어 있다.

서생포 왜성의 봄

2022.03.30.

비가 예보되어 걱정이 앞섰으나 어찌 날씨를 탓하랴, 오늘은 서생포 왜성에서 적장과 담판했던 사명대사의 우국충정을 되새기려 가는 날.

1593년 5월, 가토 기요마사는 동해와 회야강 조망하기 좋은 서생포에 왜성을 짓고, 조선 8도 중 절반을 내어주고, 왕자를 인질로 보내라고 요구하고 있었다. 스님이 담판하러 오니 내심 기대했으나 회담은 보기 좋게 실패한다.

1604년에 조선통신사로 일본에 건너가 3천여 명의 포로를 송환해 온 공로를 세운 후 다시 입산해 해인사 홍제암에서 세수를 다한다. 1605년 3월 도꾸가와 이에야스를 만나 나눈 통쾌했던 일화는 두고두고 회자된다.

"너는 도대체 어느 산에 사는 새길래 여기 봉황 무리 속에 끼어들었느냐."고 도쿠가와가 묻자, "나는 본시 오색구름 타고 노니는 학인데 어느 날 갑자기 오색구름이 사라져 여기 들닭 무리 속에 떨어졌느니라."고 일갈했다.

회담 내내 사명대사가 묵었던 운흥사는 폐사되어 없고 이곳에 그분을 기억하는 이도 없어 보인다. 그저 벚꽃에 취해 자통홍제존자 송운대사 사명대사 유정의 업적은 온데간데없어 보여 록명헌 여행지로 정했음을 밝혀두고 싶다.

벚꽃은 산림 녹화사업 초기 재일동포 성금 속에 친일목적 자금이 흘러온 게 계기가 되었다고 하기도 하고, 뿌리로 성을 허물게 하기 위해 일부러 나무를 심었다는 주장도 있다. 해안가 마을은 진성 아래에 있다 하여 진하라는 이름이 붙여졌다.

그런 역사를 아는지 지금은 젊은이들의 서핑 명소가 되어 있다. 명선교가 놓여져 다리 위에 서면 회야강 위아래가 한눈에 조망된다. 걸어 들어갈 수 있는 명선도도 야간 조명이 되어 밤에도 산책하기가 좋다.

최근 인근에 세워진 서생 정크아트 FE01 복합문화예술공간은 배밭 가운데 지어진 데다 미술 조류를 읽을 수 있는 작품들과 친환경 작품들로 이루어져 가족이 함께 관람하기 좋다.

임랑에 있는 박태준기념관 관람도 권하고 싶다. 이어령 선생은 박태준 선생을 추모하며 '우리를 높은 베개를 베고 잠들 수 있게 했고 군인으로 철강왕으로 교육자로 이 시대 머릿돌이 되셨다.'고 적고 있다.

서생포 왜성

1593년부터 쌓은 일본식 평산성. 산정에 내성을 쌓았고 그 안에 천수대가 남아 있다. 성에서 동해와 회야강을 한눈에 내려다볼 수 있고 우리나라에 산재한 왜성 중 가장 웅장하고 보존상태가 양호하다.

벚꽃이 가장 아름다운 곳. 왜성에 왜 우리가 벚나무를 심었을까.

거북바위와 명선도

제주에서 왔다가 돌아가
지 못하고 돌이 되었다는
거북바위. 강양길 122에
있는 일출 사진 명소.
명선교가 놓여 강양항과
명선도를 조망하기 좋다.

등록문화재인 남창역   남창역 앞에는 선지국밥과 옹기로 유명한 남창 오일장이 있다.

회야강 하구 강양항   해녀횟집이 여럿 있다.

진하 해수욕장   진 아래 있다 하여 鎭下라 불렀다. 진하해수욕장 품 안에 있는 명선도는
야간 조명시설이 잘되어 있어 야간 산책 명소이기도 하다.

서생 정크아트 FE01
복합문화예술공간

용연길 160에 있다. FE는 철의 원소 기호. 1,140여 점의 정크아트 작품은 모두 철로 만들어져 있고 별관에 아트페어, 특별전이 열린다.

철강왕 박태준 기념관

전쟁터에서는 용맹한 장수, 일터에서는 기적의 경영인, 나라에서는 큰 정치인으로 이 시대 머릿돌이 되시니
무쇠를 녹이는 열정이 천년의 가난을 쫓고 불에 달군 강철의 의지가 만년의 번영을 열었도다.

우리가 지금 높은 베개를 베고 잠 들 수 있는 것은 철의 공장에서 쏟은 님의 피와 땀이 있었음이여
품에 아이를 안고 사람마다 내일의 꿈을 키우는 것은 학교를 세워 지식의 텃밭을 넓히신 님의 덕이었나니.

나라가 가정을 지킨 한 어버이의 사랑에서 시작되고 천지가 마음을 잇는 한 이웃의 정에서 열리게 된 것을
님을 따르고 또 배우니 비로소 알겠노라 큰 강물이 잔 하나 띄우는 샘물에서 흘러온 것을

이제 님은 가는 자의 영광이요 오는 자의 희망이시니 누구나 한 핏줄이 되어 영생의 향불 앞에 서노라.

2012 년 6 월 26 일

이 어 령 글을 짓고
조 수 호 쓰다

261

첨성대에서 바라본 대릉원. 미추왕릉 황남대총 천마총 등 23기가 모여 있다.

2022.10.07.

지난 봄 40년 만에 둘러본 불국사는 많이 달라져 있었다. 정양모 박물관 장이 경주를 제대로 보려면 장항리 사지와 진평왕릉을 봐야 했다지. 그런데 아뿔싸 지난 힌남노 태풍 때 장항리 사지 앞 도랑이 넘쳐 주차장까지 휩쓸고 갔단다. 혹시나 길가에 주차하고 건너갈 수는 없을까 하고 지인 해설사에게 물으니 위험하다고 다음으로 미루란다.

먼저 신라 38대 왕 원성왕릉(785~798)으로 향했다. 못 위에 관을 걸어 안치 했다는 괘릉掛陵이 아닌가. 페르시안 풍의 서역인 장군석, 가장 우수한 12지신 조각 등을 갖춘 완벽한 능묘라는 이바구들이 호기심을 자극했다. 무열왕 6대손 김주원이 왕이 되어야 했으나 알천에 물이 불어 제때 입궁하지 못하자 하늘의 뜻이라 하며 왕위를 차지하고, 52대 효공왕 까지 그의 후손을 계승케 한 인물, 나는 그를 조선의 이방원과 같은 인물과 비유하며 관심이 많았다.

등극 후 김주원의 아들 김헌창의 난도 겪었으나 왕권 강화는 물론 관리 등용에 독서삼품과를 두고 당나라와 관계를 돈독히 하며 발해에도 사신을 보내 나라를 안정시킨다.

진평왕은 진흥왕 장손으로 54년간(579~632) 왕위에 있으면서, 진흥왕 때 빼앗긴 영토를 수복하려는 고구려와 백제의 끊임없는 침략에 시달렸으나 화랑에게 세속오계를 가르치고 수, 당과 교린하며 삼국통일의 기반을 닦은 명군이다. 김유신과 김춘추가 등장하고, 맏딸이 선덕여왕, 태종 무열왕의 할아버지이나 본인은 정작 알려지지 않은 인물. 왕릉에 변변한 석조물도 하나 없다.

이제야 국립경주박물관이 눈에 들어온다. 수몰되어 탑만 보존되어 있는 고선사탑, 도굴범에 폭파되어 상반신만 남겨져 홀로 와 있는 장항리 사지 불상, '신라의 미소'로 알려진 얼굴무늬 수막새, 에밀레종 등.

첨성대는 난데없는 핑크뮬리로 이맘때면 특히 몸살을 앓는다. 해거름에 계림 길목에서 첨성대 넘어 보는 대릉원 풍광은 정말 그윽하다. 교촌마을과 월정교 야경도 놓쳐서는 안 된다.

장항리 사지 석탑과
석조대좌

서탑은 온전히 남아 있어 국보이지만 동탑은 일층 탑신 위에 옥개석만 포개져 있
다. 불상은 도굴꾼에 의해 폭파된 채 박물관에 옮겨져 있어 스산하다.

가만히 귀 기울이면 어디선가 풍경 소리가 들리듯 애틋하고 적막하다.

장항리 사지 석탑

장항리 사지 석조불대좌　해학스러운 사자상만 온전히 남아있다.

경주 원성왕릉 　　　　　그동안 傳원성왕릉, 괘릉으로 불려져 왔다.

페르시안계 무인석과
문인석

원성왕릉 무인석과 석사
자상 그리고 완벽한 12지
신상. 신라왕릉 중 가장
완비된 능원으로 알려져
있다.

고선사 3층석탑

7세기 말 통일신라 초기 석탑. 절터가 덕동호에 수몰되어 1975년 국립경주박물관으로 이전됐다.

신라 26대 진평왕릉

진흥왕의 장손으로 54년간(579~632) 재위하며 삼국 통일의 기초를 닦은 명군. 김춘추, 김유신이 활약하던 시기이고 선덕여왕의 아버지요 태종 무열왕이 손자라 활약이 가려진 탓에 덜 알려져 있다.
석조물 하나 없으나 텅 빔이 오히려 울림을 주고 있다.

황복사지 3층석탑 신문왕과 효소왕의 명복을 빌기 위해 만든 탑. 효소왕 원년(692)에 세우기 시작했다. 오른쪽 멀리 진평왕릉 이 보인다. 이 탑은 건립 시기가 명확하여 통일신라시 대 초기 석탑 변화 과정을 파악할 수 있어 가치가 높다.

얼굴무늬 수막새 (瓦當) '신라의 미소'라 알려진 신라의 원형기와.
1934년 일본인이 구입하여 일본으로 반출되었다가
1972년에 국내로 반환되었다.
찍어내는 방식이 아니라 손으로 직접 빚어 형상을 만
들고 도구로 마무리한 것으로 지금까지 유일하게 알려
진 작품. 이마, 눈, 코, 입. 잔잔한 미소, 턱선이 조화를
이룬 높은 경지의 예술작품

성덕대왕 신종

성덕왕을 기리고자 경덕왕 시기 주조를 시작하여 손자인 혜공왕 7년(771년) 12월 14일에 완성된 대종이다.

'지극한 도는 형상의 밖을 둘러싸고 있어서 보아도 그 근원을 볼 수가 없고 아주 큰 소리는 천지 사이에 진동하고 있어서 들어서는 그 울림을 들을 수 없다. 이러한 이유로 신종을 매달아 놓아 일승의 원음을 깨닫고자 하니라.'

– 성덕대왕 신종 명문 중에서

국립경주박물관

첨성대

첨성대 주변에 핑크뮬리와 여러 가을 초들이 심어져 9
월 말부터 관광객이 넘쳐난다. 해거름에 대릉원을 바
라보면 더욱 아름답다.

影池 석불좌상

월정교 야경　　　　　　　　첨성대에서 계림숲을 가로지르면 보인다. 요석공주 만나기 전 원효가 물에 빠진 곳
에 돌다리가 놓여 연인들이 즐겨 찾고 있다.

고운님 오시는 길 　　　　'찻집 고운님 오시는 길'의 낮과 밤. 최부자 일족이 경영하는 찻집으로 자부심을 느
　　　　　　　　　　　　　낄 수 있다.

25   청도 자계서원 한밭마을 삼족대 적천사

나는 청도를 좋아한다. 고향 옆 고을인 데다 장인의 흔적들이 많이 남아 있는 운문사가 있어 친근감이 들기 때문이다. 무엇보다도 옛 모습들이 잘 보전되어 편안하고, 산수가 깊고 수려해서 즐겨 찾는다. 특히 가을이 깊어 가면 반드시 문안하고 싶은 은행나무 노거수들이 많아 한 해를 마무리해 보내기에 안성맞춤이다.

일찍이 막내 삼촌 김일손의 추천으로 정여창에게 수학하고 문무를 겸비했던 김대유는 그가 19세 때 존경하는 삼촌이 무오사화(1498년)로 34세에 능지처참 당하고 그의 스승 조광조도 기묘사화(1519년) 때 횡액하자 이곳에 들어와, 현감벼슬도 해봤고 찬거리 넉넉하고 육십 넘게 살았으니 만족한다며 삼족대를 짓고 동창천변에 은거한다. 그의 뜻을 알고 남명 조식도, 서원 시대를 연 주세붕도, 율곡 이이도 찾아온다.

은행나무 하면 나는 먼저 자계서원을 빼놓지 않는다. 무오사화로 김일손이 죽임을 당할 때 앞 냇가가 자색으로 변했다 하여 자계서원 이란 이름을 얻었다. 여기엔 내가 존경하는 삼족당 김대유 선생도 모셔져 있다.

탁영 김일손이 심은 은행나무 원줄기는 죽었으나 맹아가 경쟁하듯 원줄기를 감싸고 돋아나 서원 전체를 온통 노랑 물결로 뒤덮어 놓는다. 사실 두나무가 가까이 심겨져 1.5m까지 줄기가 합쳐진 연리목 이란다. 은행도 수없이 쏟아놓아 인근 할머니들이 매일 분주히 쓸어 담아도 남아돈다. 이곳처럼 서원 전부를 노랑 천지로 만들어 놓는 은행나무는 흔치 않다.

인근 대전리 한밭마을 은행나무는 어떤가. 수령이 400년 넘은 데다 천연기념물이다. 이곳 의흥예씨 집성촌 사람들은 수령이 1300년이 넘었다고 한다. 수나무라 그런지 떡하니 버티고 서 있는데 입이 떡 벌어진다. 가끔 은행도 열린단다.
월촌마을 뒤쪽 산기슭 경사지에 자리하고 있는 하평리 은행나무는 수형과 자태가 예술이다. 암나무라 그런지 乳柱가 많이 발달해 있다.
청도읍 월곡안길에 있는 적천사는 664년(문무왕 4년) 원효대사가 토굴로 창건한 이래 고려시대 지눌이 크게 중창했다. 그때 보조국사가 심었다고 하는 은행나무가 수령이 800년이나 되고 전국에 25그루뿐인 은행 노거수 천연기념물이다.

2022.11.07.

대전리 천연기념물 은행나무

탁영 김일손을 배향하는
紫溪書院

그의 조카이며 출중했던 김대유도 함께 모시고 있다. 자계서원 강당은 輔仁堂이란
현판을 걸고 있다.

자계서원 詠歸樓

행사를 하거나 학생들이 모여 시를 짓고 풍류를 즐기던 곳이다. 청도군 이서면 서원
리에 있다.

탁영 김일손 선생이 직접 심었다는 濯纓手植木 표지석이 있다.

자계서원 관리 하시는 할머님이 연신 '다시는 양반 안 할란다.'를 반복하신다. 힘드신 관리에 고단함과 자부심이 동시에 묻어 있었다.

맹아가 죽은 원줄기를 둘러싸며 크고 있는 은행목

탁영 김일손 선생 문학비가 있는 곳

대전리(한밭마을)
천연기념물 은행나무

수령 400년이라 적혀 있으나 1300년으로 보기도 한다. 수세가 왕성하고 웅장하여
보자마자 감탄사가 절로 나온다. 은행잎이 한꺼번에 조용히 떨어지면 풍년이 들고
시름시름 떨어지면 흉년이 든다고 믿고 있다.

450년 매전면 하평리
은행나무

조선시대 낙안당 김세중(1484~1553)이 심은 나무로
대보름날에 동제를 올리고 있다. 월촌마을 산기슭 경
사지에 자리하고 있는 수령 450년으로 언덕 위에 심
겨져 있는데다 수형이 예술이다.

동창천에서 바라본
三足臺

남명 조식, 서원을 창시한 주세붕 등과 교류하고 율곡 이이도 그를 알아보고 찾아
왔다고 한다.

김대유는 호를 三足堂으로 썼다. 『禮記』에서 따온 것이다. 현감
도 했고 찬거리 넉넉하고 환갑도 넘겼으니 만족한다며 삼족이라
지었다. 김대유는 이곳에 김일손의 유고를 모아 판각해 놓았다.

율곡이 격찬하고 김희연이 쓴 三足堂序 삼족대 예찬 현판.
李 珥는 '주인 선생은 서리 속에 선 소나무 같은 지조요,
물에 비친 달같이 담담한 마음을 가진 분이리라.' 칭송했다.

동창천에서 바라본 三足臺

삼족대와 김대유 신도비 　매전면 동창천 절벽 위에 동남향으로 자리하고 있다.
김대유는 칠원 현감 때 기묘사화(1519년)가 일어나자 관직을 버리고 이곳으로 내려
와 소일하며 후학을 가르쳤다.

여행은 힘과 사랑을

그대에게 돌려준다.

어디든 갈 곳이 없다면

마음의 길을 따라 걸어가 보라

그 길은 빛이 쏟아지는 통로처럼

걸음마다 변화하는 세계,

그곳을 여행할 때

그대는 변화하리라

잘랄루딘 루미 (신비주의 시인)

수령 800년
적천사 은행나무 노거수

1937년생이신 서의택 총장님이 록명헌을 방문하셨다. 석사학위 논문 지도교수이셨고 동구청장 출마 시 관내 부산진교회 집사님으로 많은 힘을 써 주신 데 대한 보답 차원에서 늦게나마 점심을 모신 후였다.

사실은 옛 시청 동료 한 분이 대학시절 인생행로의 전기를 만들어 준 서총장님을 부산의 3대 보물이라 생각한다며 같이 모시면 어떻겠느냐는 제의가 계기가 되었다. 86세 고령임에도 나를 배려해 록명헌 근처에 있는 차이나타운까지 오겠다고 하셨다.

　　좌천동에서 태어나서 부산에서 초중고를 나와 부산대를 졸업하고 부산대 교수 하고 있던 부산 토박이가 중앙 도시계획위원장, 세종시 건설 추진위원장 중임을 맡게 된 배경은 평생 자기관리에 철저했기 때문이었다고 담담히 말씀하신다. 총리가 공동 위원장이고 위원 25분 중 12분이 국무위원이었으니 사실상 그 중책을 전담하셨을 것이다. 1977년 최석원시장 이래 최근 북항 재개발에 이르기까지 부산의 도시계획은 이분의 손을 거치지 않은 것이 거의 없고 지금도 건축조직위원장직을 놓지 못하고 있다. 이해관계에는 엄격하시니 아직도 동명대학 비상임 이사장으로도 모셔져 있단다. 월급 받지 않고 수당 받지 않고 주 1, 2회 공적인 일 이외 자차 운전하겠다는 조건으로.

지금의 집이 이태전 돌아가신 사모님의 공간이 너무 크게 느껴져 동구 고향 땅으로 돌아오고 싶어도 집이 팔리지 않고 여윳돈도 없어 오지 못한다는 말이 직접 듣고도 이해하기 어려웠다. 딸 하나뿐인 데다 사모님이 2, 3대 일신병원 원장까지 하신 분이셨으니.

'나는 명예를 지켰다. 돈을 알았으면 감옥 갔을 것이다.'고 결연히 말씀하신다.

　　평양의대 재학중 1.4 후퇴 때 광주로 내려온 사모님이 교회에서 허드렛일 하며 간호학교에 가고 성적이 우수해 전남의대에 들어가 의사가 된 사연. 1대 호주 선교사 원장 후임으로 국내 최대 산부인과 병원 원장이 된 사연을 들려주신다. 이때 나는 부산시 가족계획 계장하며 전국에서 특이 사례가 가장 많은 이 병원에 외국에서 연구차 온 의사들을 안내하여 두세 차례 방문 면담한 인연도 있어 그분이 어떤 분인지를 안다.

부산대에서 전액 프랑스 국비 유학생이 된 과정하며 40세 이전에는 술 마시면 타락한다고 생각하여 금주하였으나 사회활동을 위해 술고래가 된 사연, 고령이 되니 운전면허 갱신을 위해 치매 검사도 받아야 한다 하시고, 깨어나지 못한다고 의사가 수면 내시경검사도 못 받게 한다는 말씀도 하신다.

　　허락만 해 주신다면 가끔 모시고 말씀을 기록하여 남기고 싶은 향기 나는 분이셨다.

2022.11.18.

鹿鳴軒 見賢旅行

선현의 길 찾는 문화캠퍼스

초판 1쇄 인쇄	2023년 3월 10일
초판 1쇄 발행	2023년 3월 25일

글 사진	정영석
이메일	ysjung5200@hanmail.net

편집 및 디자인	오브스튜디오(of studio)
	김효은
인스타그램	@of_studioo
이메일	ofstudio@naver.com

발행인	김윤희
발행처	맑은소리맑은나라
	부산광역시 중구 대청로 126번길 18 동광빌딩 501호
	051-244-0263
	puremind-ms@daum.net

값 20,000원
ISBN 978-89-94782-94-2 03980